50 SPEKTAKULÄRE UNSINNS-PROJEKTE

THE KING OF RANDOM

50 SPEKTAKULÄRE UNSINNS-PROJEKTE

FÜR FURCHTLOSE ERFINDER UND VERRÜCKTE BASTLER

ILLUSTRATIONEN VON TED SLAMPYAK

Dieses Buch stammt aus den USA; einige der im Buch verwendeten Materialien sind deswegen möglicherweise nicht auf dem deutschen oder europäischen Markt erhältlich. Wir haben uns bemüht, wenn möglich, auf Alternativen zu verweisen. Gegebenenfalls musst du passende Alternativen im Internet bestellen. Sollte das der Fall sein, beachte eventuell abweichende Maßangaben.

Alle Experimente in diesem Buch sollen den Lesern und Leserinnen als Inspirationsquellen dienen. Wir empfehlen dringend, dass Kinder die Projekte nur unter Aufsicht von Erwachsenen durchführen. Alle Experimente sind nicht für Kinder unter dreizehn Jahren geeignet. Weder Autor noch Verlag übernehmen eine Verantwortung für mögliche Schäden oder Verletzungen von Personen durch die in diesem Buch vorgestellten Experimente.

Für die deutsche Ausgabe:
Übersetzung aus dem Englischen: Birgit van der Avoort, Havixbeck
Produktmanagement und Lektorat: Sonja Fakler, Laila Prota
Covergestaltung: Sandra Preinl
Layout: Jessica Siebert
Satz: Arnold & Domnick GbR, Leipzig
Druck und Bindung: DRUK-INTRO S.A., Polen

1. Auflage 2020

ISBN: 978-3-7724-4515-6 • Best.-Nr. 4515

INHALT

EIN HINWEIS ZUR SICHERHEIT

Wissenschaftliche Erfolge und Erkenntnisse sind häufig das Ergebnis von Zufällen. Doch wir möchten unbedingt sichergehen, dass deine Sicherheit immer höchste Priorität hat.

Die Projekte in unserem Buch sollten nicht ohne die Aufsicht von Erwachsenen durchgeführt werden.

Eine falsche oder nachlässige Verwendung von Werkzeug und/oder Projekten kann zu schweren Verletzungen oder sogar zum Tod führen.

Die Umsetzung des Inhalts geschieht auf eigenes Risiko und du übernimmst die Verantwortung für dein Tun.

Richte keine der in diesen Projekten gebauten Projektile auf Menschen oder andere Lebewesen. Sei extrem vorsichtig, wenn du in bewohnten Gegenden experimentierst.

Achte auf deine Umgebung, auf Windverhältnisse und andere mögliche Gefahrenquellen wie Verkehr oder Stromleitungen.

Sei achtsam und extrem vorsichtig, wenn du deine Neugierde und deine Kreativität auslebst.

Viel Spaß bei den Projekten!

DANKE

Das Team von King of Random möchte folgenden Personen danken:

Unserem Manager Larry Shapiro, der unsere Arbeit immer unterstützt und angetrieben hat.

Byrd Leavell, der von Anfang an immer das große Ganze im Blick hatte.

Marc Resnick, Hannah O'Grady und das Team von St. Martin's Press.

Jake und Ritchie von Sonic Dad.

Nicolette Zaretsky, Danielle Colucci, Ryann Stibor und Chellie Grossman, deren Anregungen während der gesamten Arbeit von großem Wert waren. Ohne sie wäre dieses Buch nicht möglich gewesen.

Und am allerwichtigsten: unseren Fans. Für euch haben wir uns mächtig ins Zeug gelegt, damit wir es bis hierhin geschafft haben.

EINLEITUNG

Mein ganzes Leben lang habe ich Herausforderungen gesucht und angenommen, mich immer wieder selbst angespornt; ich habe die Welt entdeckt und bin Widrigkeiten nicht aus dem Weg gegangen.

Ich war ein echtes Raubein und habe für Ölgesellschaften Berghänge in die Luft gesprengt, ich habe fliegen gelernt und war Pilot bei Delta Air Lines. Ich glaube, es war immer meine Berufung, den Dingen auf den Grund zu gehen und mich zu fragen: „Wie mache ich das?" oder „Wie funktioniert das?" Anschließend muss ich nur hart daran arbeiten, es herauszufinden.

Mein ganzes Leben lang habe ich immer Fragen gestellt. Ich bin einfach von Natur aus neugierig. Und erst durch Neugierde erreichen wir Großartiges. Ob du nun eine Rakete baust, die du im Hinterhof zündest, oder eine, die ins All geschossen wird – am Anfang steht immer eine Frage und du musst dich mit einem Problem auseinandersetzen, um die Antwort zu finden.

2009 hatte die Wirtschaft schwer zu kämpfen und es war die Rede von einer neuen Weltwirtschaftskrise. Ich hatte Frau und Kind zu versorgen und begann mich damit zu beschäftigen, wie man lebenswichtige Dinge wie Glühbirnen, Strom und gefiltertes Wasser produzieren konnte, um sie im Notfall selbst zu machen.

Das folgende Jahr verbrachte ich damit, aus allem, was ich umsonst bekommen konnte, etwas zu basteln und damit zu experimentieren. Ich machte Entdeckungen, die mich wirklich umhauten.

So baute ich Bogen-Schweißer aus Mikrowellen oder Raketenantriebe aus Zucker und ich produzierte Hochspannungsstrom aus Glasflaschen und Salzwasser.

Nachdem ich meine Zufalls-Experimente einige Monate lang mit Freunden und Bekannten geteilt hatte, begannen die Leute zu fragen: „Wer ist der Typ?" und „Woher weiß er das alles?" Und während eines Gesprächs machte jemand die folgenschwere Aussage: „Hey, Mann, du bist echt „the King of Random" – der König des Willkürlichen."

Ich erkannte, dass meine Experimente etwas wirklich Besonderes waren und Leute dazu anregten, mehr wissen zu wollen. Deshalb wollte ich lernen, Videos zu drehen, um diese dann auf YouTube einzustellen.

Als Kind hatte ich immer eine Art Super-Erfinder wie Tony Stark sein wollen, der alles machte, was er sich vorstellte. Und genau darum geht es.

Einige meiner Lieblingsprojekte entstanden, nachdem ich Bücher über ein Thema gelesen hatte und versuchte, diese Ideen selbst umzusetzen. Meine Hoffnung ist, dass dieses Buch dir ebenfalls als Inspirationsquelle dienen möge.

Neue Herausforderungen anzunehmen, hat mir stets größte Zufriedenheit verschafft. Ich liebe dieses Gefühl, das mich durchfährt, wenn ich an etwas herum tüftle, ein Problem löse und kreativ werde. Egal, ob es darum geht, eine Gießerei zu bauen oder ein Flugzeug zu fliegen. Der Denkprozess ist immer der gleiche: Du setzt dir ein Ziel, du stellst einen Plan auf und dann fängst du einfach an.

Ich hoffe, du lässt dich von meinen Projekten inspirieren, witzige Ideen auszuprobieren, einmal gegen den Strich zu denken und der nächste große Erfinder zu werden, der die Welt verändert.

Viel Vergnügen, gib auf dich Acht und schaff etwas wirklich Großartiges!

TEIL 1

EINFACHE PROJEKTE

Feuere ein Streichholz mit viel Wucht ab, zerspreng Früchte mit Zahnstochern, und schieß **flammende Pfeile** bis zu zehn Meter weit!

WÄSCHEKLAMMER-GEWEHR

01

SICHERHEIT

+ Scharfe Gegenstände

SCHWIERIGKEIT

DAUER

20 Minuten

MATERIAL

+ Holzkleber
+ Altes Papier
+ Holzwäscheklammer mit Metallfeder
+ Filzstift
+ Universalmesser
+ Streichhölzer
+ 1 Stück Obst (für Zielübungen)

LOS GEHT'S

EINE TASCHENPISTOLE BAUEN

1. Von der Seite auf die Wäscheklammer drücken, damit sich die Spannung löst. Die Hälften auseinandernehmen und die Metallfeder entfernen.

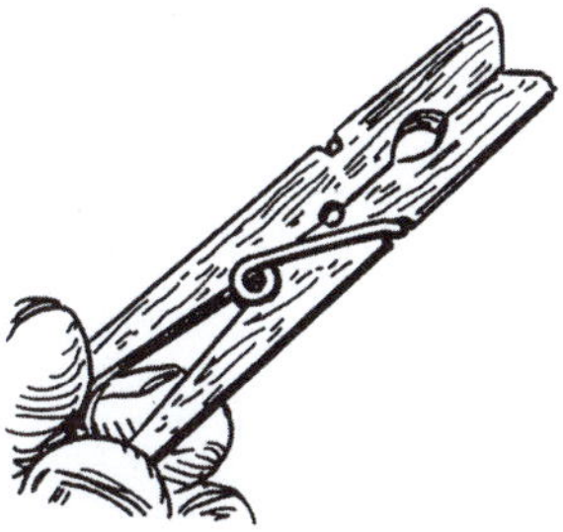

2. Die beiden Holzteile nebeneinanderlegen, sodass die Rillen in der Mitte eine Linie bilden. Auf der Innenseite des oberen Teils (nach der Kerbe) ca. ¼ der Fläche vollständig ausmalen. Orientiere dich hierbei am besten an der Zeichnung, da die Größe der Wäscheklammern variieren kann. Auf der unteren Hälfte ebenfalls zwei parallel verlaufende Linien von der Rille zum Ende zeichnen.

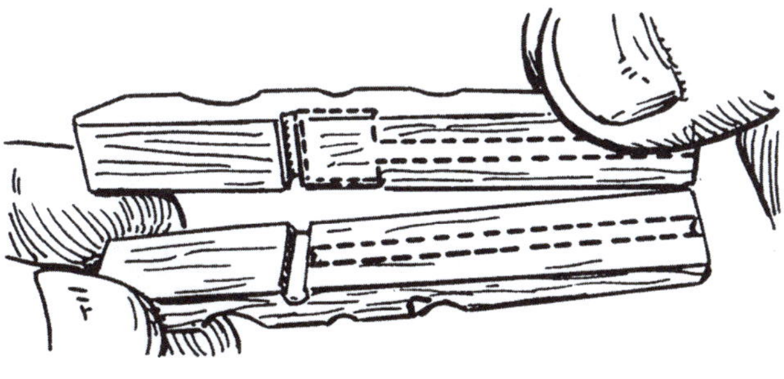

3. Male die Flächen innerhalb der Linien aus. Diese werden später weggeschnitten.

4. Mit dem Universalmesser vorsichtig alle ausgemalten Bereiche ausschneiden.

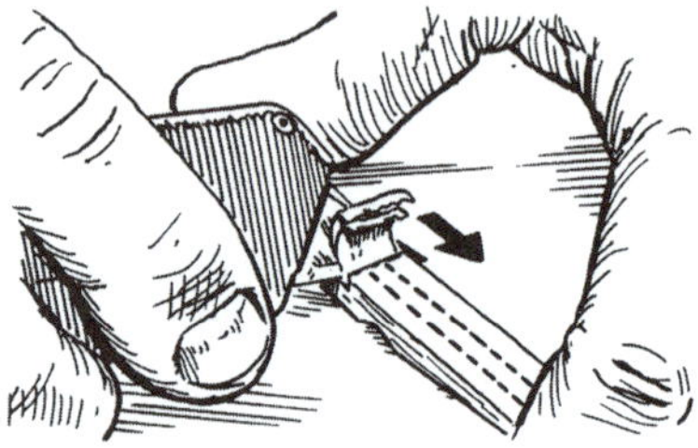

PROFI-TIPP: Vergiss dabei nicht, die untere Kerbe so einzuschneiden, dass die Feder besseren Halt hat.

Die Kerbe wird nach rechts unten etwas stärker ausgeschnitten

5. Auf altem Papier einen Tropfen Holzkleber auftragen. Die Wäscheklammerhälften mit den Innenseiten vorsichtig durch den Kleber ziehen und zusammensetzen. Wische überschüssigen Kleber ab und lege alles ca. 10 Minuten zum Trocknen beiseite.

6. Ein Ende der Feder in die innere Kammer drücken und das andere Ende in die Kerbe einhaken, die vorher an der schrägen Markierung ausgeschnitten wurde. Die Feder sitzt und das Taschengewehr ist einsatzbereit!

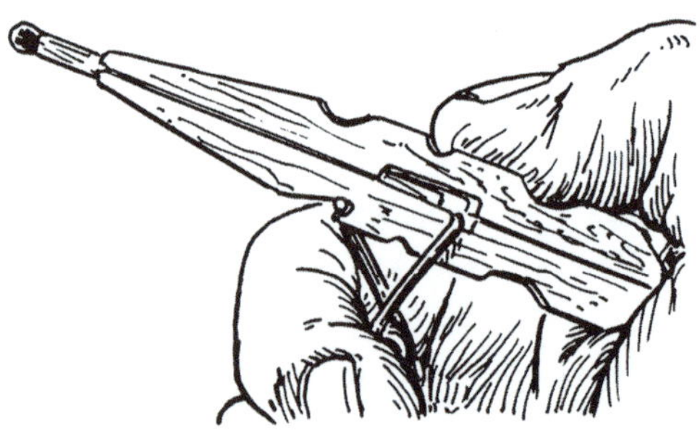

ZIELÜBUNGEN

Jetzt brauchen wir nur noch Munition! Dazu einfach ein Streichholz locker in den Gewehrlauf einlegen. Wenn das Streichholz hineingeschoben wird, richtet sich das Gewehr automatisch auf und ist schussbereit! Du kannst es wie eine kleine Pistole halten. Wenn du bereit zum Schießen bist, betätigst du den Abzug. Es ist Wahnsinn, wie viel Spannung die Feder hat!

VERSUCHE AUCH: Wenn du sehr abenteuerlustig bist, zünde zuerst die Streichhölzer an und schieß die feurigen Pfeile anschließend in die Luft.

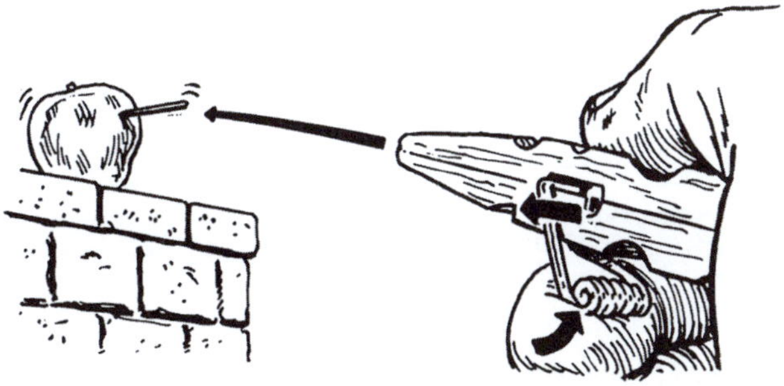

ZIELÜBUNGEN MIT OBST: Wenn du die Spitze vom Streichholz abbrichst, hat dein Pfeil eine breitere Spitze und fliegt noch schneller. Mach den Versuch mit einem Apfel; das Streichholz wird sich in den Apfel bohren. Je näher du stehst, desto tiefer wird es in den Apfel eindringen.

Du kannst nun eine einfache Wäscheklammer zu einem federgeladenen Taschengewehr umfunktionieren! Experimentiere mit verschiedenen Schussmethoden: Vom Präzisionsschuss bis zu aufsteigenden Flammenpfeilen.

FUN FACT: Zwischen 1852 und 1857 gab es über 100 US-Patente für Wäscheklammern. Ab 1938 wurden Wäscheklammern zunehmend uninteressant, als die ersten elektrischen Wäschetrockner auf den Markt kamen.

Wer weiß schon, dass man aus Aluminiumfolie und einer Streichholzschachtel die ultimative Schreibtischwaffe bauen kann? Diese Raketen mögen klein sein, sind aber äußerst schlagkräftig. Zurück bleibt eine coole Rauchwolke, und angetrieben werden die Miniraketen von nur einem **einzigen Streichholzkopf!**

STREICHHOLZ-RAKETE

02

SICHERHEIT

+ Feuer + Sicherheitshandschuhe + Aufsicht durch einen Erwachsenen

SCHWIERIGKEIT

WARNUNG

☠ Auch wenn diese Raketen nur mit einem Streichholzkopf angetrieben werden, reicht die Hitze, um sich die Finger zu verbrennen und Brandflecken im Teppich zu hinterlassen.

DAUER

1 Stunde

MATERIAL

+ Schachtel mit Sicherheitszündhölzern
+ Päckchen mit Holzspießen
+ Aluminiumfolie
+ Aluminium-Klebeband
+ Teelicht
+ Leere Cerealien-Packung
+ Zange
+ Schere

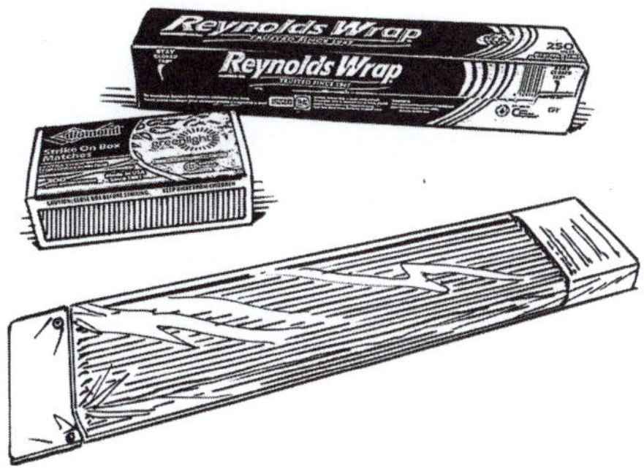

LOS GEHT'S

DEN BAUSATZ VORBEREITEN

1. Schneide mit einer Schere die Köpfe einiger Streichhölzer ab.

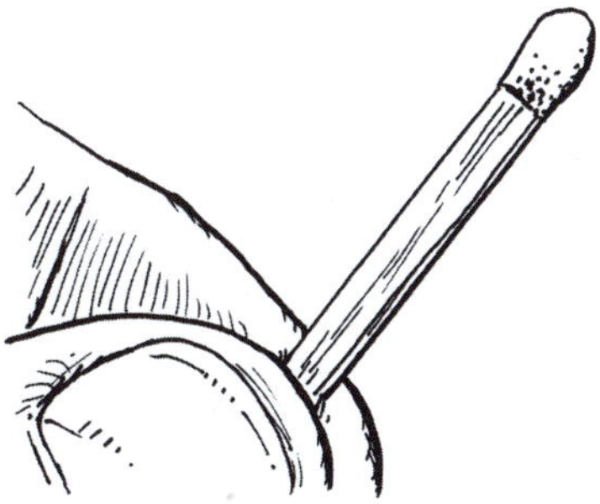

PROFI-TIPP: Schneide die Streichholzköpfe über einem Behälter, der mit einer Socke überzogen ist. Dann können die Köpfe nicht so einfach herausspringen.

2. Mithilfe der unten abgebildeten Vorlage die Markierungen auf den Holzspieß übertragen (er sollte dann nur noch halb so lang sein und in die Streichholzschachtel passen). Den Holzspieß vorsichtig zuschneiden.

HOLZSPIESS

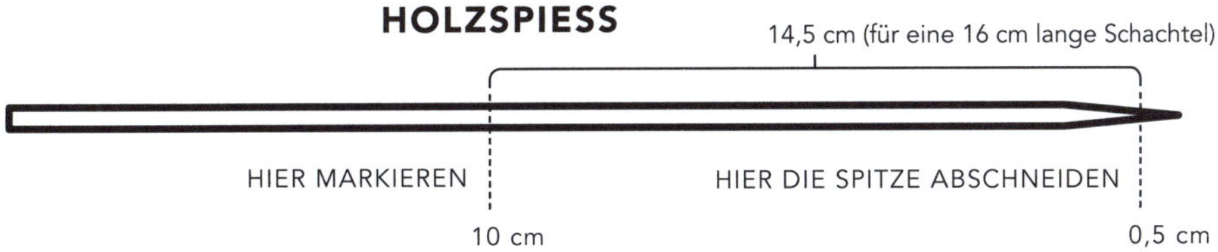

3. Das Muster für den Raketenkörper (siehe Seite 25) auf ein Stück Pappe von einer Cerealien-Packung aufzeichnen. Es dient als Vorlage für den Bau der Raketen; deshalb die Ränder sehr sauber ausschneiden.

4. Mit dem Universalmesser das kleine Rechteck auf der Schablone ausschneiden. Bevor du die Vorlage verwendest, kontrolliere, ob diese genauso lang und breit wie die Streichholzschachtel ist. Das Rechteck auf ein Stück Aluminiumklebeband übertragen. Daraus werden die Heckflossen der Rakete gebaut. Möglichst viele Rechtecke vorbereiten.

5. Die zugeschnittenen Stücke in beide Richtungen zur Spitze falten. An der Unterseite mit den Fingern zusammenkneifen, sodass die Flossen wie ein X-Wing aussehen, wenn sie nach unten gefaltet werden. Die Spitze einfach abschneiden.

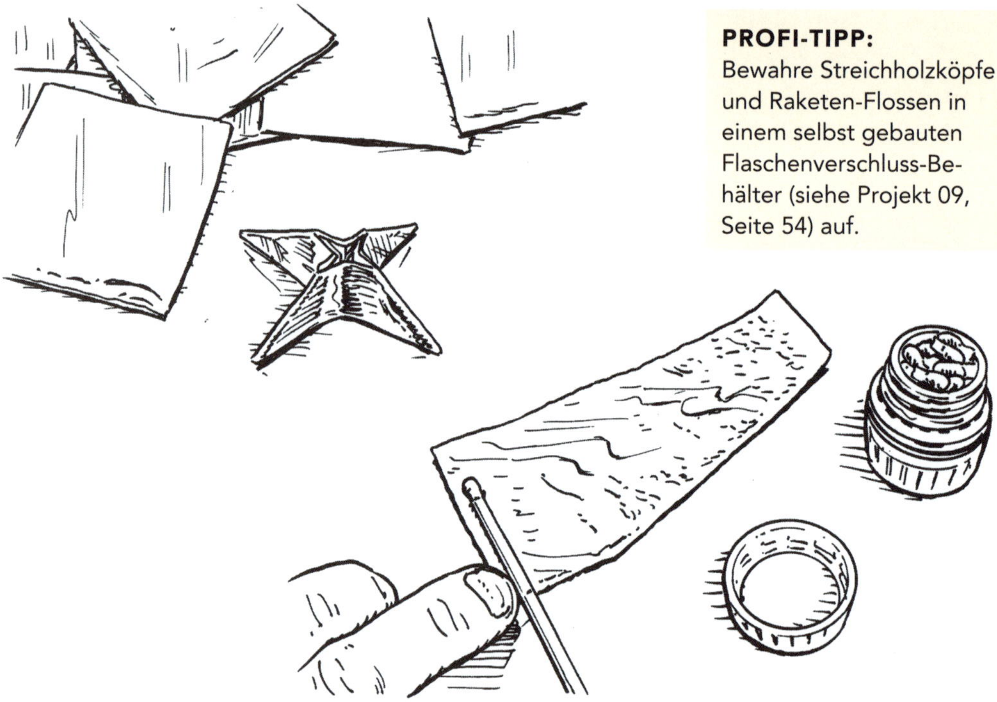

PROFI-TIPP:
Bewahre Streichholzköpfe und Raketen-Flossen in einem selbst gebauten Flaschenverschluss-Behälter (siehe Projekt 09, Seite 54) auf.

6. Für den Bau der Raketenkörper ein Küchenpapier auf ein Stück Aluminiumfolie legen und das Ganze vorsichtig dreimal falten, sodass vier Schichten entstehen, die nur wenig größer als die Pappschablone sind. Die Schablone (vgl. Schritt 3) auf den Folienstapel legen, die Umrisse nachzeichnen und ausschneiden. So entstehen vier identische Raketenkörper.

GUT ZU WISSEN: Normalerweise würde die Folie zusammenkleben, doch durch das Papier löst du das Problem. So kannst du in wenigen Minuten Dutzende von Raketenkörpern zuschneiden.

7. Etwa 1 cm vom Rand ein kleines Loch oben in die Streichholzschachtel stechen, und fertig! Die Schablone und der gekürzte Holzspieß sollten genau in die Streichholzschachtel passen. Dort hinein kommen nun Raketenheckflossen, Ersatz-Streichhölzer und –Streichholzköpfe sowie ein Teelicht – und schon hast du eine tragbare Montagestation, die du überallhin mitnehmen kannst.

DIE RAKETE ZUSAMMENBAUEN

Wir wollen nun ein paar Raketen zusammenbauen. Die fertige Rakete ist federleicht, aber überraschend stabil im Flug.

1. Auf der Schablone (siehe Seite 25) gibt es zwei Markierungen, die zeigen, wo die Spitze des Holzstäbchens und die Spitze des Streichholzkopfes liegen. Zum Bau des Raketenkörpers einen gekürzten Holzspieß und einen Streichholzkopf auf eine zugeschnittene Aluminiumfolie legen. Die Aluminiumfolie fest aufrollen. Dabei die Rolle genau über dem Streichholzkopf am Ende zusammenkneifen. Die Spitze mit einer Zange zusammenklemmen.

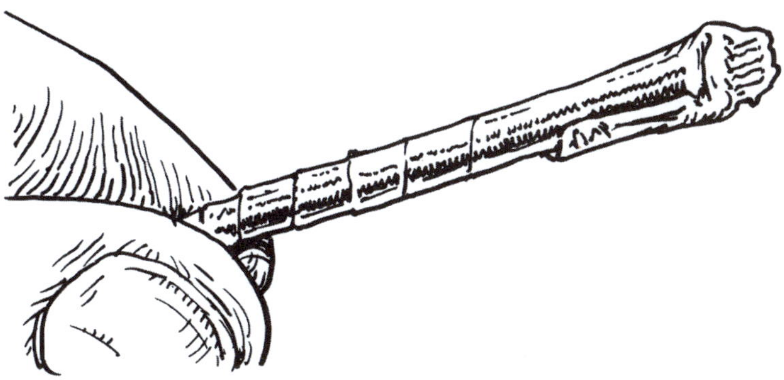

2. Zum Befestigen der Raketen-Heckflossen das Papier auf der klebrigen Rückseite des Aluminium-Klebebands abziehen und den Raketenkörper durch das Loch in der Mitte drücken. Die vier Flossen zusammendrücken, bis sie unten an der Rakete fest haften bleiben. Die Rakete aus dem Spieß ziehen und die Rakete ist fast bereit zum Abheben!

STARTEN

1. Die Rakete laden: Dazu das spitze Ende des Holzspießes in die Aluminiumrakete stecken. Hineindrehen, bis der Spieß in der Rakete gegen den Streichholzkopf stößt.

2. Den Spieß durch das Loch in der Streichholzschachtel drücken. Das wird die Laderampe.

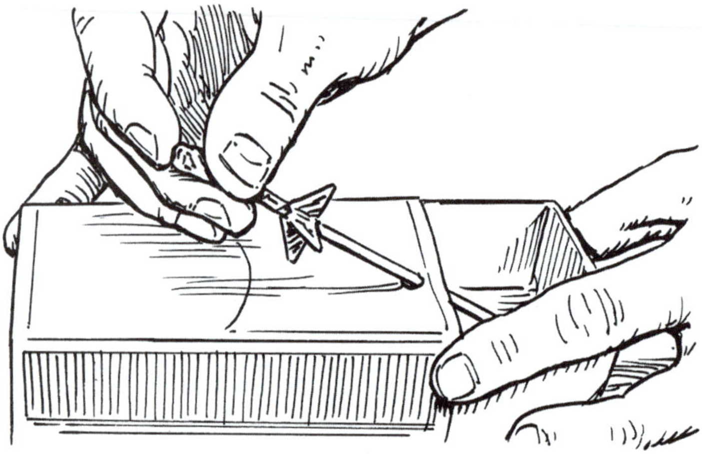

3. Das Teelicht anzünden und die Flamme genau unter die Raketenspitze stellen. Die Folie wird sich rasch erwärmen, bis der Streichholzkopf sich selbst entzündet und dann – „explodiert!" Die Rakete startet mit hoher Geschwindigkeit und viel Kraft und hinterlässt eine Rauchfahne. Sie kann bis zu 15 Meter weit fliegen!

PROFI-TIPP: Die Rakete erreicht ihre maximale Geschwindigkeit, wenn sie von einer festen Basis aus abgeschossen wird. Gibt die Basis zu sehr nach, wird die Rakete nicht sehr weit fliegen. Wenn es Probleme gibt, kontrolliere, ob die Spitze der Rakete fest zusammengedrückt ist.

Der Bausatz mag einfach aussehen, doch es hat gut ein Jahr gedauert, ein entsprechendes Modell zu entwerfen und solange damit zu experimentieren, bis alles funktionierte. Es ist keine Zauberei … oder doch?

ALUMINIUMFOLIE FÜR DEN RAKETENKÖRPER

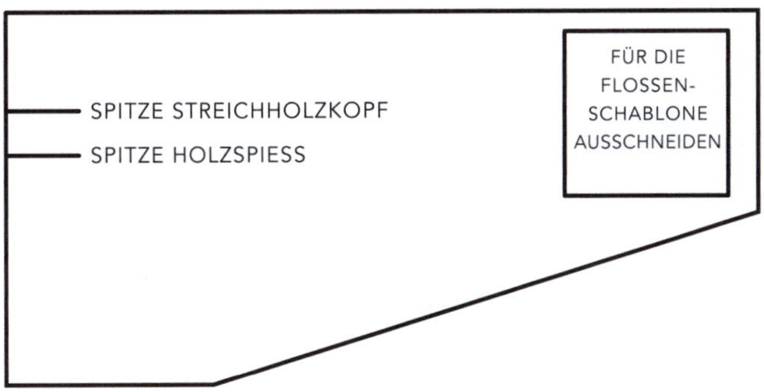

FUN FACT: Im 6. Jahrhundert erfanden die Chinesen vermutlich eine Art Streichholz, als sie einen Pinienast in Schwefel tauchten und trocknen ließen.

Auf in den Mini-Kampf mit diesen winzigen Softair-Seltzer-Granaten. Das Material für das Projekt könnte einfacher nicht sein, doch wenn du alles richtig zusammenbaust, dann bekommst du einen explosiven Sprengkörper!

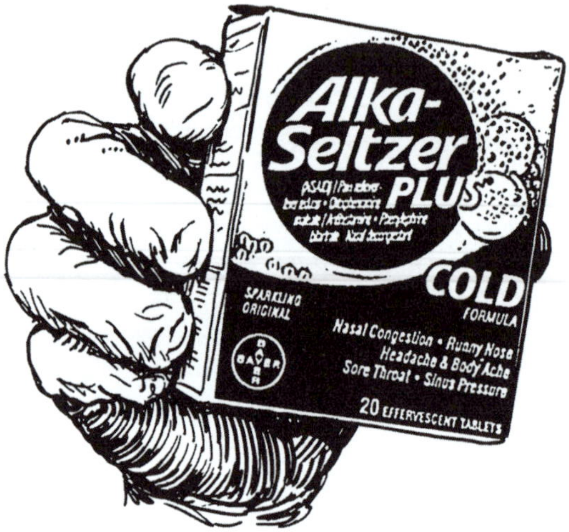

MINI-SOFTAIR-GRANATE

03

SICHERHEIT

+ Schutzbrille

SCHWIERIGKEIT

DAUER

15 Minuten

MATERIAL

+ Alka-Seltzer-Brausetabletten
+ Plastik-Filmdose
+ Klebebandrolle
+ Softair-BBs

LOS GEHT'S

DIE GRANATE BAUEN

GUT ZU WISSEN: Filmdosen für Filmrollen haben für dieses Projekt die ideale Größe und gut schließende Kappen. Wenn du keine findest, dann such dir einen ähnlichen Behälter mit Stülpdeckel.

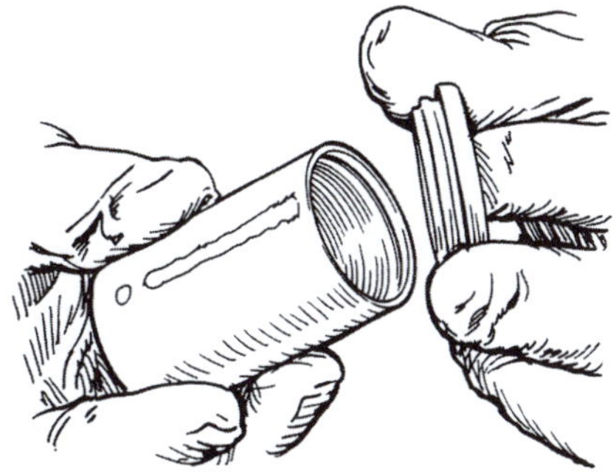

1. Die Dose mit Klebeband abkleben. Mit der Schere Kreise für den Boden und den Deckel ausschneiden. So sieht die Granate cool aus, ist aber auch stabil.

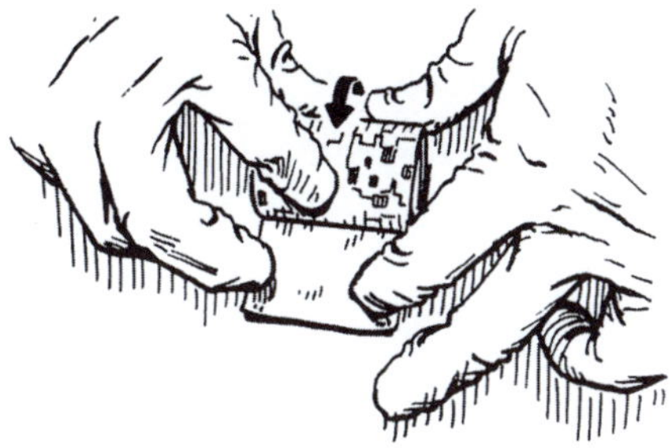

PROFI-TIPP: Verwende Klebeband mit genau der gleichen Breite wie die Filmdose – das Einwickeln ist so kinderleicht.

2. Eine Alka-Seltzer-Tablette und eine Handvoll von etwa 40 bis 50 BBs in die Filmdose packen. Warmes Wasser für die katalysierte Reaktion hinzugeben, die Dose verschließen und leicht schütteln.

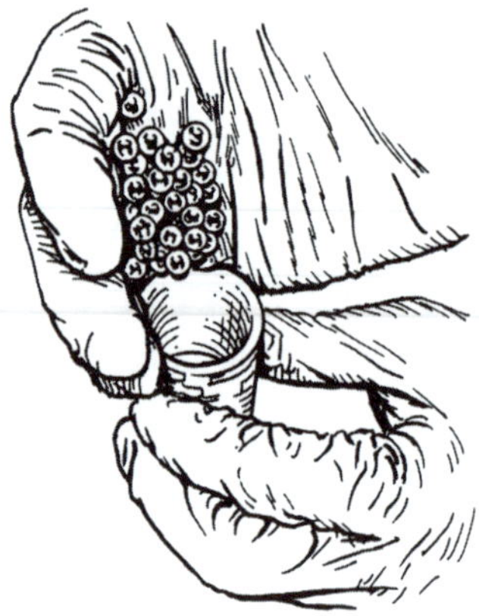

3. Genau wie bei einer echten Granate bleiben dir etwa fünf bis sechs Sekunden, um dich in Sicherheit zu bringen und die Explosion mit dem nötigen Abstand zu beobachten!

PROFI-TIPP: Wenn du die Tablette noch rechtzeitig einsammelst, kannst du sie für den zweiten Versuch verwenden.

SO FUNKTIONIERT'S

Alka-Seltzer-Tabletten enthalten Natron und Zitronensäure. Werden die Tabletten in Wasser aufgelöst, reagieren Natron (oder Natronbicarbonat; hört sich toller an) und Zitronensäure in der Tablette mit dem Wasserstoff im Wasser und es entsteht Kohlendioxid. Das Gas baut in der Dose so viel Druck auf, dass sie zerplatzt.

NÄCHSTE STUFE: Bau die Granate zu einer aufsteigenden Rakete um, indem du die Dose vor dem Explodieren mit dem Verschluss nach unten auf den Tisch stellst.

Wer experimentiert nicht gern mit einer Alka-Seltzer-Rakete? Nachdem wir mit dem Material etwas experimentiert hatten, war der Prototyp für eine Mini-Schreibtisch-Granate endlich startklar. Die Vorfreude auf die explodierende Filmdose macht am meisten Spaß und man freut sich sehr auf das Experiment!

FUN FACT: Die Blendgranate wurde in den 1960er-Jahren von der Sondereinheit der britischen Armee SAS als nicht tödliche Signalwaffe entwickelt.

Bau dir dein eigenes explosives Schreibtisch-Depot mit einem Mini-Raketenwerfer. Es geht ganz einfach und wahrscheinlich hast du das Material sowieso im Haus. Also, worauf wartest du noch?

MINI-RAKETENWERFER

04

SICHERHEIT

+ Sprengstoffe + Feuer

SCHWIERIGKEIT

WARNUNG

☠ Mit diesen kleinen Raketenwerfern solltest du nur auf Ziele aus Papier schießen.

DAUER

20 Minuten

MATERIAL

+ Strohhalme
+ einen breiteren Strohhalm
+ 3 LEGO-Steine (6er-Stein)
+ Grillanzünder
+ Heißklebepistole und Kleber
+ Pop-Its (neuartige Knallfrösche oder Knallerbsen)
+ Klebeband

LOS GEHT'S

DEN STROHHALM UMBAUEN

1. Die drei LEGO-Steine zusammensetzen – einer kommt in die Mitte und die beiden anderen versetzt darüber und darunter (ein bisschen wie eine Y-Form). Den Strohhalm so anlegen, dass er mit dem oberen LEGO-Stein bündig abschließt, und das Ende abschneiden.

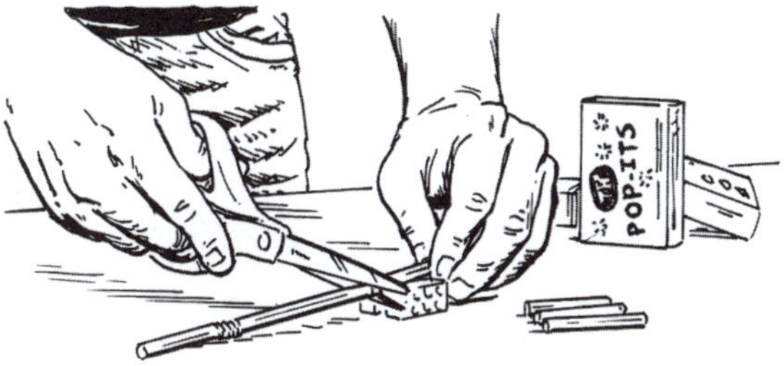

2. Weiter mit den Flossen! Viermal im gleichmäßigen Abstand am runden Strohhalm Einschnitte machen – zwei Lego-Noppen tief. Das muss nicht super genau sein – die vier Klappen müssen sich nur nach oben falten lassen und ein Kreuz bilden.

3. Die Klappen mit der Hitze vom Grillanzünder vorbehandeln. Die Flamme langsam von unten zu den Strohhalmklappen führen, bis die Flossen nach oben gehen. Dann mit dem Daumen gegen die Flossen drücken und kurz festhalten, damit die Hitze das Plastik verformen kann.

4. Die Pop-Its auf dem Tisch verteilen und die Sägespäne dazwischen etwas wegpusten. Ein Pop-It vorn in den Strohhalm einführen, wobei der Papierzipfel nach unten zeigt. Mit einem Tropfen Heißkleber fixieren.

FUN FACT: Die Pop-Its sind meist von Sägespänen umhüllt, denn eigentlich sind sie nichts anderes als ein wenig Schotter mit Knallquecksilber, ein ganz einfacher Kontaktsprengstoff.

5. Die Klappen des Raketenwerfers wieder in Strohhalmform bringen und dann langsam in den zweiten, etwas größeren Strohhalm drücken.

6. Nun tief Luft holen und dann ist es so weit! Das Beste an diesen Hülsen ist, dass sie wiederverwendbar sind. Nachdem eine Ladung explodiert ist, die Reste vom Heißkleber entfernen, einen neuen Knaller nehmen, wieder mit einem Tropfen Heißkleber fixieren und auf gleiche Weise erneut zünden.

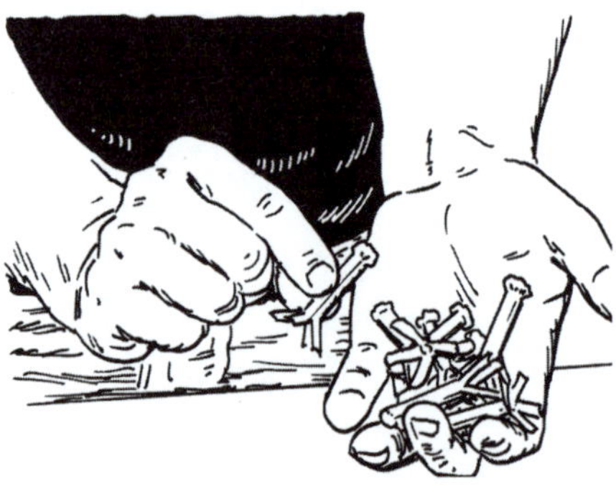

KLEINE EXTRAS

1. Der Strohhalm ist so schon völlig okay, kann aber noch etwas cooler gestaltet werden, wenn er zum echten Raketenwerfer werden soll. Ein Stück farbiges Klebeband, das etwa 2,5 cm länger als der Strohhalm ist, abreißen. Den Streifen mit der Klebeseite auf den Tisch legen und den Strohhalm vorsichtig einrollen. Professionell wird das Ganze, wenn an beiden Enden und auch in der Mitte farbige Streifen aufgeklebt werden.

2. Für ein Zielfernrohr schwarzes Klebeband um einen dünnen, durchsichtigen Strohhalm wickeln. Diesen Strohhalm schräg abschneiden und mit Heißkleber auf die Oberseite am Ende des Raketenwerfers setzen.

3. Mit einem Filzstift beide Enden eines Eisstiels schwarz ausmalen. Etwa 1,25 cm von der leicht gerundeten Spitze des Stiels abschneiden und dieses Stück längs halbieren. Das noch sichtbare Holz an der Kante ebenfalls schwarz anmalen und den provisorischen Halter unten an den Raketenwerfer kleben, sodass er wie eine Haifischflosse aussieht. Einen zweiten Halter auf halber Höhe an den Raketenwerfer kleben.

Der Raketenwerfer funktioniert genau wie vorher, denn schließlich ist es derselbe Strohhalm. Drück die Flossen zusammen, steck das Projektil in die Spitze, fass den Raketenwerfer an den Griffen an, nimm ihn den Mund und puste kräftig hinein.

ZUSATZPROJEKT: Teste die Raketenwerfer an unheimlich wirkenden Papierfiguren wie Minecraft-Zombies etc.

NÄCHSTE STUFE: Wenn es noch explosiver werden soll, nimm Knaller mit noch größerer Sprengkraft. Einige enthalten zehnmal so viel Knallquecksilber. Sie werden genauso eingesetzt, verursachen aber einen größeren Knall und eine stärkere Explosion.

FUN FACT: Eine Rakete ist eine Kammer mit Gas, die unter Druck steht. Durch eine schmale Öffnung an einer Seite der Kammer kann das Gas entweichen. So entsteht ein Schub, der die Rakete antreibt. Das einfachste Beispiel ist ein aufgeblasener Luftballon, aus dem die Luft entweicht.

Superschützen! Mit Flaschenverschlusskappen und Ballons kannst du ganz einfach eine kräftige Taschen-Schleuder bauen. Nimm dir ein Marshmallow und fang mit dem Schießen an!

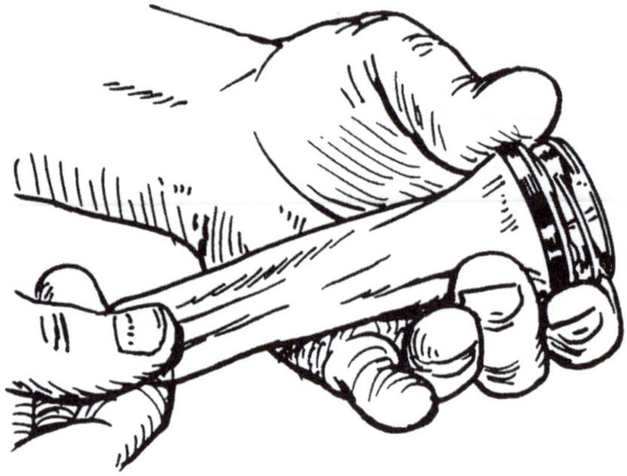

TASCHEN-SCHLEUDER

05

SICHERHEIT

+ Aufsicht durch einen Erwachsenen
+ Projektile
+ Schutzbrille

SCHWIERIGKEIT

WARNUNG

☠ Verwende keine Munition, die härter als ein Marshmallow ist. Die Munition mag noch so unscheinbar aussehen, kann aber schnell eine ziemliche Wirkung entfalten und Beulen hinterlassen.

DAUER

20 Minuten

MATERIAL

+ Saftflasche mit breiter Öffnung
+ Bügelsäge
+ Schleifpapier
+ Latex-Ballons
+ Mini-Marshmallows

LOS GEHT'S

VERSCHLUSSKAPPEN AUSEINANDERNEHMEN

1. Am besten eignet sich bei diesem Projekt eine Saftflasche mit breiter Öffnung.

2. Die Flasche mit der Bügelsäge oder einer Schere unterhalb der Verschlusskappe genau unterhalb des Flaschenhalsgewindes durchsägen oder abschneiden.

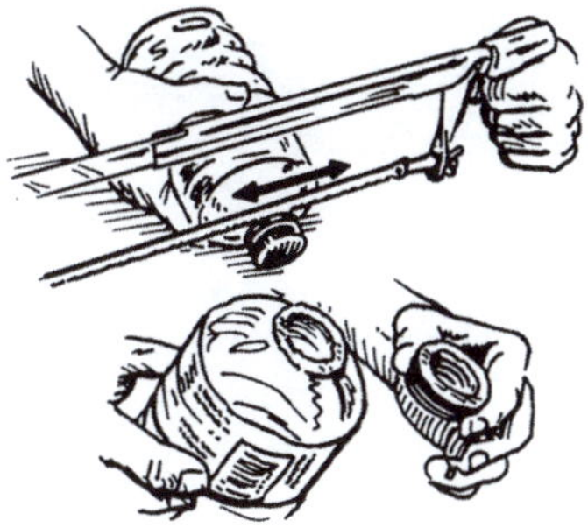

PROFI-TIPP: Wenn du keine Bügelsäge hast, dann tut es auch eine Schere. Pass aber gut auf, denn hier ist die Gefahr groß, dich zu schneiden.

3. Mit Schleifpapier die Schnittkante des Plastikgewindes glätten. Drehe das Plastikgewinde dabei am besten rund herum, um die scharfe Kante abzuschleifen. So kann der Luftballon anschließend sauber darüber gestreift werden.

3. Mit den Fingernägeln den Plastikring rund um den Verschluss entfernen, aber diesen nicht schneiden oder brechen. Er soll später noch verwendet werden.

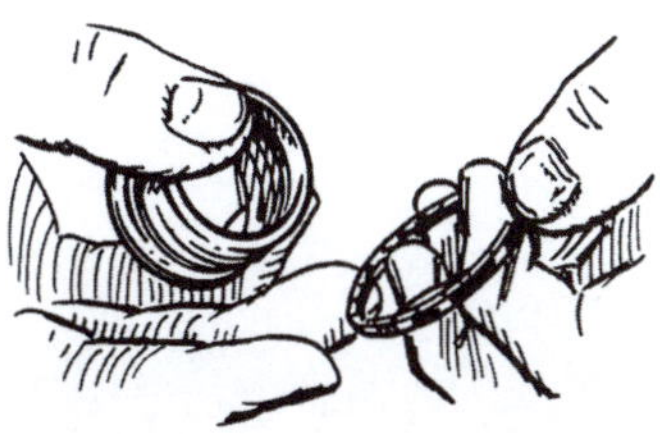

DEN LUFTBALLON VORBEREITEN

1. Von einem Ballon in beliebiger Farbe den Hals etwa ½ cm oberhalb der Wölbung abschneiden.

2. Den Luftballon auseinanderziehen und bis zum oberen Rand des abgeschnittenen Flaschengewindes ziehen.

PROFI-TIPP: Achte darauf, dass der Ballon genau mittig sitzt. Mögliche Falten rund um das Gewinde glätten. Wenn der Ballon schräg aufgezogen wird, lässt sich die Munition nicht gerade feuern.

3. Den Plastikring über den Ballon ziehen, bis er wieder fest unten am Gewinde sitzt. Dann den oberen Rand des Ballons nach unten rollen, bis er glatt in der knapp darüberliegenden Rille liegt.

4. Den Luftballon testweise von unten ziehen. Wenn am Ballon gezogen wird, sollte das obere Ballonende durch den Ring fest am Gewinde sitzen bleiben.

ACHTUNG, FEUER FREI!

1. Die Taschen-Schleuder ist einsatzbereit. Die Verschlusskappe zwischen Daumen und Zeigefinger halten und die Schleuder spannen. Dazu ein Mini-Marshmallow in den Ballon legen, den Ballon nach hinten ziehen, zielen und den Ballon loslassen!

2. Übung macht den Meister. Den Luftballon gerade zurückziehen, sodass er beim Loslassen durch die Flaschenöffnung auf die andere Seite springt. Wenn der Ballon schräg gehalten wird, dann prallt er eventuell gegen die Finger, und das kann schmerzhaft sein.

3. Auch Munition lässt sich in der Schleuder aufbewahren. Einfach hineinlegen, den Flaschenverschluss fest zudrehen und zu einer kleinen Scheibe zusammendrücken, die problemlos in die Hosentasche passt. Die Schleuder ist tragbar, unauffällig und mit Riesen-Spaßfaktor!

WARNUNG

☠ Ziele auf keinen Fall mit Projektilen auf Menschen oder Tiere. Sie können ziemlich weh tun. Also, wir wünschen dir viel Spaß mit der Taschen-Schleuder, doch gehe bitte vernünftig damit um.

FUN FACT: Wenn du eine Prise Salz in den Ballon füllst, kannst du damit lästige Fliegen aus dem Haus vertreiben, ohne direkt die Wände zu beschädigen.

Wurfgewaltige Taschen-Schleudern sind cool, können aber recht teuer sein.
Was ist dieses Supergeschoss so toll macht, ist der günstige Preis für die Materialien und der hohe Spaßfaktor. Beharrlichkeit und Neugierde setzen sich immer durch!

Diese magische Mischung fühlt sich an wie Pizzateig, doch wenn sie still daliegt, wird sie flüssig und zerläuft zu einem **leuchtenden Glibber**!

MAGISCHER MATSCH

06

SICHERHEIT

+ Messer

SCHWIERIGKEIT

DAUER

30 Minuten

MATERIAL

+ großer Beutel mit Kartoffeln
+ 2 große Rührschüsseln
+ Großer Durchschlag
+ Tonic Water
+ Kleine Schüssel
+ Löffel
+ Küchenmaschine
+ Großes Glas mit Schraubverschluss

LOS GEHT'S

DEN MATSCH ANMISCHEN

1. Die Kartoffeln gründlich waschen, sodass die Schale schön sauber und glatt ist.

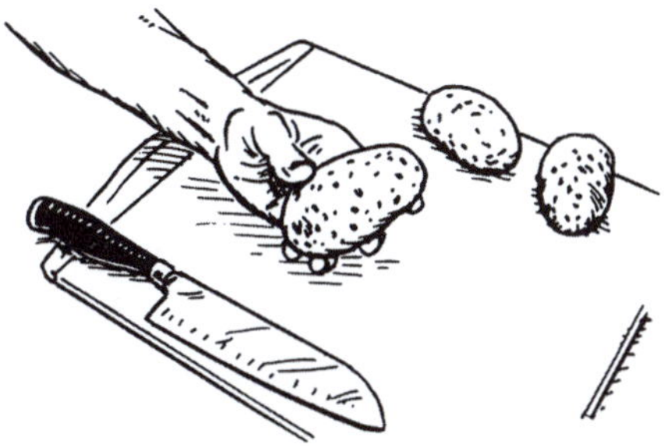

2. Die Kartoffeln in der Küchenmaschine (oder mit Messer und Schneidebrett) in möglichst kleine Stücke schneiden.

PROFI-TIPP: Es ist schon irre, sich vorzustellen, dass die Grundzutat für dieses irre Zeug in Kartoffeln zu finden ist. Wenn du dir nicht die Mühe machen möchtest, es herauszufiltern, dann kann stattdessen auch Maisstärke verwendet werden.

3. Die Kartoffelstücke in eine große Rührschüssel geben und gerade so viel heißes Wasser hinzugießen, dass sie vollständig bedeckt sind. Einige Minuten rühren. Das Wasser könnte sich langsam rot färben – das ist normal.

4. Die Kartoffeln im Durchschlag abtropfen lassen und in einen sauberen Topf schütten. Nach etwa 10 Minuten wird sich auf dem Boden der Schüssel eine merkwürdige weiße Schicht absetzen. Das Wasser abgießen. Der weiße Schleim bleibt unten in der Schüssel zurück.

5. Etwas frisches Wasser mit dem weißen Matsch verrühren, damit er nicht zu trocken ist. Die Mischung in ein hohes Schraubglas füllen. Fest verschließen, gut schütteln und weitere 10 Minuten stehen lassen.

6. Das Wasser abschütten, wodurch die meisten Verunreinigungen ebenfalls abgegossen werden. Zurück bleibt eine sehr saubere und magische Substanz. Sie erinnert ein wenig an Milch, doch beim Umrühren erscheint sie seltsam. Sie sieht aus wie Pizzateig und fühlt sich auch so an, doch wenn sie einen Moment nicht bewegt wird, zerfließt sie zu schleimigem Matsch.

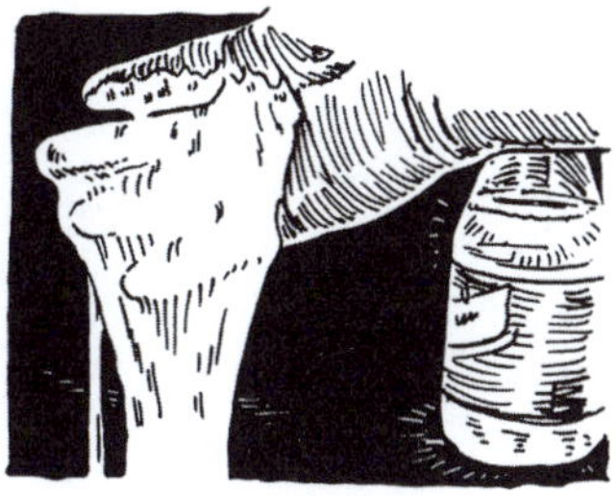

7. Um der Masse dieses wunderbare Leuchten zu geben, die Mischung einfach zwei Tage stehen lassen und zu weißem Pulver werden lassen. Einige Löffel davon in einer sauberen Schüssel mit einigen Spritzern Tonic Water verrühren. Schon nach wenigen Minuten wird das Umrühren schwierig. Doch mit etwas Geduld und weiterem Rühren wird die Masse wieder so wie vorher – nur mit dem Unterschied, dass sie nun fluoreszierend ist. Wenn du Schwarzlicht einschaltest, bekommt der Matsch ein mystisches Leuchten.

FUN FACT: Durch das Chinin im Tonic Water bekommt die Masse das gespenstische Leuchten. Wenn du eine Flasche Tonic Water unter Schwarzlicht hältst, fluoresziert das Tonic und die Flasche sieht übernatürlich aus.

WIE KAM UNS DIE IDEE? Wir kamen durch eine Verkaufsvorführung für Töpfe und Pfannen auf dieses Projekt. Einer der Töpfe, mit einem Kartoffelgericht, war mit einem seltsamen weißen Rückstand überzogen. Wir wurden neugierig und fingen an zu experimentieren. Du weißt nie, wann dich dein Forscherdrang zu einer magischen glibberigen Masse bringen wird!

Diese selbst gemachten Stäbe voller Wohlfühl-Glück werden ein normales Bad binnen Sekunden in ein entspanntes Spa-Erlebnis verwandeln. Die Badebomben sind einfach herzustellen, sie duften wundervoll und sind einfach perfekt, wenn du jemandem zeigen möchtest, wie viel dir an ihm oder ihr liegt. Zeit, die Liebes-Bombe platzen zu lassen.

BADEBOMBE

07

SCHWIERIGKEIT

DAUER

45 Minuten

MATERIAL

+ 40 g Backpulver
+ 22 g Meersalz
+ 22 g Zitronensäure
+ 15 g Maisstärke
+ 1½ TL Pflanzenöl
+ 12–15 Tropfen rote Lebensmittelfarbe
+ 1 TL Wasser
+ Messbecher
+ Schüssel mit Deckel
+ Fallschirmleine oder Schnur
+ Kunststoffrohr, ø 4 cm, 9 cm lang
+ ätherisches Öl (optional)

PROFI-TIPP: Pflanzenöl ist super, aber noch besser ist Rizinusöl. Und wenn du kein Kunststoffrohr zur Hand hast, dann geht es auch mit einer leeren Klopapierrolle.

LOS GEHT'S

DIE ZUTATEN MISCHEN

1. Backpulver, Salz, Maisstärke und Zitronensäure in der Rührschüssel mischen.

2. Die Schüssel mit dem Deckel fest verschließen und 20 Sekunden sehr kräftig schütteln.

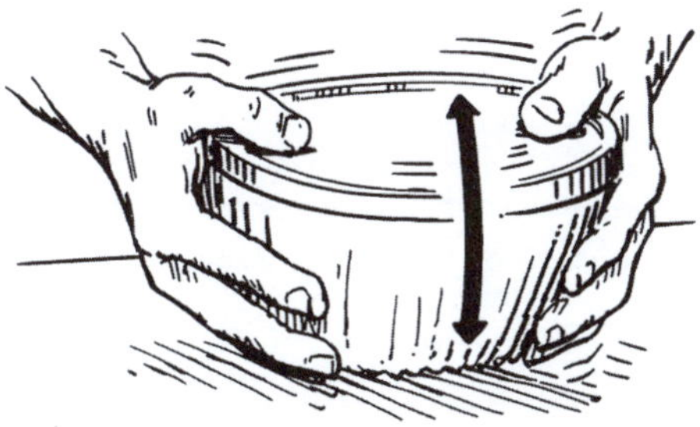

FUN FACT: Zitronensäure besteht aus vermahlenen Zitrusfrüchten und findet sich häufig in sauren Süßigkeiten, bei denen sich die Lippen zusammenziehen, wenn man sie isst. Es gibt sie im Reformhaus oder online.

3. In einem kleinen Gefäß (z. B. einem Schnapsglas) Öl und Wasser verrühren.

4. Nun ½ TL ätherisches Öl hinzufügen. Das sorgt für noch mehr Duft und Entspannung. Alles eine Frage des persönlichen Geschmacks! Eukalyptus riecht wunderbar und prickelt auf der Haut.

PROFI-TIPP: Noch mehr Duft bekommst du, wenn du 15 Tropfen Eukalyptusöl mit 5 Tropfen Pfefferminze und 20 Tropfen Lavendel mischt.

5. Die Lebensmittelfarbe hinzugeben – 15 Tropfen roter Farbe reichen schon, um die Badebombe rosa zu färben, ohne dass du dir Sorge machen musst, dass sich Rückstände auf der Haut absetzen.

6. Die feuchte Mischung zur trockenen Mischung geben. Die Mixtur wird anfangen zu sprudeln. Damit das Sprudeln nicht zu stark ist, das Pulver gleichmäßig einrühren und das Öl langsam in die Mischung tröpfeln. Alle Flüssigkeiten in das Pulver rühren. Dann den Deckel fest verschließen und alles nochmals 20 Sekunden kräftig schütteln.

DIE BADEBOMBE FORMEN

1. Die Fallschirmleine oder Schnur auf eine Länge von 18 cm zuschneiden. Ganz dicht an einem Ende einen einfachen Knoten binden.

PROFI-TIPP: Wenn du möchtest, kannst du eine kleine Überraschung an die Schnur knüpfen. Dann ploppt diese aus dem Badewasser, wenn sich alles aufgelöst hat.

2. Das Kunststoffrohr dient als Form für die Badebombe. Ein Stück Papier ausschneiden, das etwas breiter ist als die Höhe des Rohrs. Das Papier aufrollen und in die Mitte der Form einsetzen. Beim Loslassen fällt es auseinander und füllt das Rohr vollständig aus.

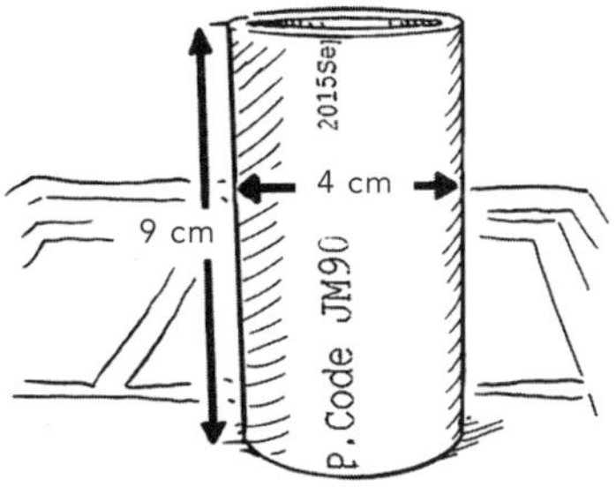

3. Das Kunststoffrohr auf eine feste Oberfläche stellen und die farbige Masse vorsichtig einfüllen. Sobald der obere Rand erreicht ist, die Masse mit einem stumpfen Gegenstand, etwa dem Griff eines Hammers, fest nach unten drücken.

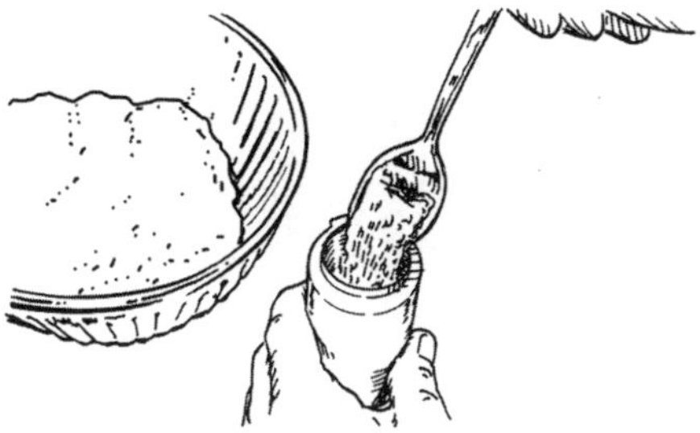

4. Das Rohr vollständig füllen. Wenn es fast voll ist, ein kleines Loch in die Mitte stechen und die Schnur zur Hälfte einführen.

5. Mit dem Hammergriff die Mischung langsam und vorsichtig rund um die Schnur andrücken. So kann die Schnur nicht verrutschen. Rundherum nochmals alles andrücken. Es ist genug Pulver da, um das Rohr bis oben zu füllen.

6. Wenn die Mischung fest angedrückt ist, das Rohr ins Gefrierfach legen und 15 Minuten tiefkühlen.

DER LETZTE SCHLIFF

1. Sobald die Badebombe ausreichend gefroren ist, kann sie aus dem Rohr genommen werden. Mit dem Griff des Hammers von hinten, gleichmäßig und fest von unten auf die Bombe schlagen. Die Bombe löst sich aus dem Rohr. Das Papier entfernen und die tolle kleine Badebombe ist fertig.

2. Damit die Badebombe noch professioneller aussieht, ein Etikett vorbereiten, ausdrucken und mit etwas Kleber unten als Banderole um die Rolle kleben.

AB INS WASSER

Die Badebombe einfach in eine Badewanne mit Wasser werfen. Durch die Zitronensäure, die mit dem Backpulver reagiert, wird sofort Kohlendioxid freigesetzt und das Bad füllt sich sofort mit Farbe, Duft und Entspannung. Für einen Moment wirst du dich oder deine Liebe in einem glückseligen Utopia der Verjüngung wiederfinden.

ROMANTISCH ODER NICHT? Es gibt keine Regel, die besagt, dass deine Badebombe rosa sein muss. Du kannst also ebenso gut blaue Lebensmittelfarbe oder eine Kugel formen, die an den detonierenden Todesstern erinnert!

Diese Badebombe ist toll, um sich zu entspannen und sich oder andere zu verwöhnen, aber denk daran, es geht um die Bombe, Baby!

Im Handumdrehen ein elastisches, federndes Gummi herstellen? Geht das? Aber klar. Knete ist eine coole formbare Masse, die du in jede beliebige Form drücken kannst, und nach 10 Minuten wird sie zu einem Flummi!

MODELLIERKNETE

08

SICHERHEIT

+ Gute Belüftung + Handschuhe tragen + Aufsicht durch einen Erwachsenen

SCHWIERIGKEIT

WARNUNG

☠ Bausilikon kann gefährlich sein, wird er verschluckt, eingeatmet oder über die Haut aufgenommen. Mit der Modellierknete lässt sich Spielzeug formen, sie sollte aber nicht für Zuckerformen verwendet werden.

DAUER

10–25 Minuten

MATERIAL

+ Maisstärke
+ 1 Kartusche Silikon (100 %, transparent)
+ Kartuschenpistole
+ Lebensmittelfarbe
+ Einweg-Pappschalen
+ Eisstiele
+ Einweg-Gummihandschuhe

LOS GEHT'S

RAN ANS MIXEN

1. Zwei Papierschälchen bereitstellen. Eines zur Hälfte mit Maisstärke füllen und beiseite stellen.

2. In die zweite Schale kommen einige Spritzer Lebensmittelfarbe. Je mehr Lebensmittelfarbe du hinzugibst, desto intensiver wird die Farbe deines Flummis.

3. Die Gummihandschuhe anziehen und vorsichtig einen großen Klecks Silikon direkt auf die Lebensmittelfarbe spritzen. Mit einem Eisstiel das Silikon nach und nach mit der Lebensmittelfarbe mischen.

4. Arbeite möglichst zügig. Das Universal-Silikon wird durch Feuchtigkeit aktiv, und durch die Lebensmittelfarbe wird der Härtungsprozess ausgelöst. Deshalb bleiben dir nur etwa 5–10 Minuten zum Arbeiten, bevor die Mischung fest wird. Du hast genügend Lebensmittelfarbe untergemischt, sobald das Silikon gleichmäßig eingefärbt ist.

PROFI TIPP: Reines Silikon gibt Essigsäure-Dampf ab, der die Nase reizt. Lebensmittelfarbe kann ebenfalls Flecken auf deiner Kleidung oder rund um die Arbeitsfläche hinterlassen. Deshalb solltest du dir überlegen, ob du nicht eine Möglichkeit hast, im Freien zu arbeiten, oder zumindest in einem gut belüfteten Raum.

PROFI TIPP: Du solltest nur Silikon Typ 1 verwenden. Kontrolliere doppelt, ob auch wirklich „100 Prozent Silikon" auf der Kartusche steht. Sonst hast du nicht den gewünschten Erfolg.

5. Das farbige Silikon in die Schüssel mit Maisstärke geben. Zunächst großzügig mit der Stärke einpudern, damit das Silikon nicht überall klebt.

6. Immer wieder wenden und in verschiedene Formen kneten. Dabei jedes Mal mehr Stärke unterarbeiten, falls das Silikon an den Handschuhen klebt.

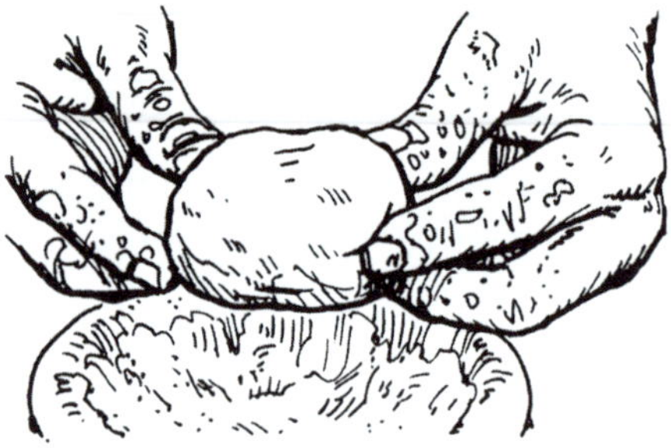

PROFI TIPP: Die Mischung ist extrem klebrig und am Anfang schwierig zu bearbeiten, doch nach einigen Minuten und mit reichlich Stärke formt sich das Silikon zu einem Teig.

7. Diesen Vorgang 10-15-mal wiederholen. Nach etwa 2 Minuten wird die Farbe des Silikons wieder klar und die Masse wird sich wie Bastelknete anfühlen.

8. Die Masse kann nun geformt, gequetscht oder in jede beliebige Form gedrückt werden (dabei immer auch an die knapp bemessene Zeit denken).

GUT ZU WISSEN: Testweise aus der Masse kleine Gummibälle rollen – dann springen sie besser. Oder neue Portionen mit coolen Neonfarben zubereiten, damit die Bälle im Dunkeln leuchten.

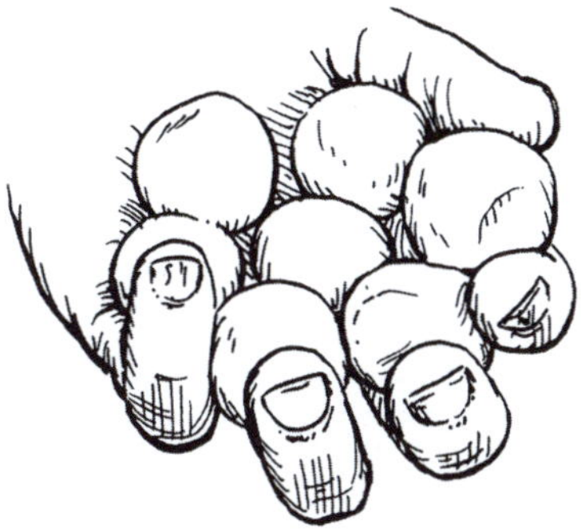

PROFI TIPP: Modellierknete eignet sich zur Herstellung von Modellierformen, aber nutze sie besser nicht zum Formen von Zuckerwaren. Lebensmittelechtes Silikon kannst du online kaufen, wenn du gern Formen für Pralinen oder andere süße Köstlichkeiten machen möchtest.

FUN FACT: Die Modellierknete ist federnd, elastisch und recht widerstandsfähig, vor allem, wenn sie dick ist. Auch ohne Maisstärke wird sie fest, aber sie ist extrem klebrig, schwer zu bearbeiten und braucht Wochen, um zu trocknen. Der Trick ist, einfach einige Tropfen Lebensmittelfarbe hinzuzufügen!

KREATIV WERDEN: Du kannst mit der Modellierknete alles Mögliche ausprobieren. Und da du jetzt weißt, wie es geht, kannst du alles reparieren, erfinden oder ganz neue Dinge erschaffen. Du hast die Wahl!

Wenn du wandern gehst oder in eine Notsituation gerätst, ist es praktisch, kleine Behälter dabeizuhaben, die leicht und wetterfest sind. In diesem Projekt verwandeln wir einige leere Limo-Flaschen in **kompakte, wasserfeste Behälter.**

VERSCHLUSSKAPPEN-BEHÄLTER

09

SICHERHEIT

+ Scharfe Gegenstände

SCHWIERIGKEIT

DAUER

20 Minuten

MATERIAL

+ Hotelschlüsselkarte oder alte Bankkarte
+ 2 Plastik-Getränkeflaschen
+ Schleifpapier mit Körnung 150
+ Zweikomponenten-Epoxidharz-Kleber
+ Schraubstock
+ Bügelsäge

LOS GEHT'S

DEN VERSCHLUSSKAPPEN-BEHÄLTER BAUEN

1. Eine Limo-Flasche mit der Öffnung nach unten in den Schraubstock spannen. Der untere Rand des Flaschenhalsgewindes dient dabei als Orientierung. Genau darüber die Flasche am Flaschenhals mit der Bügelsäge abtrennen. Die zweite Flasche genauso bearbeiten.

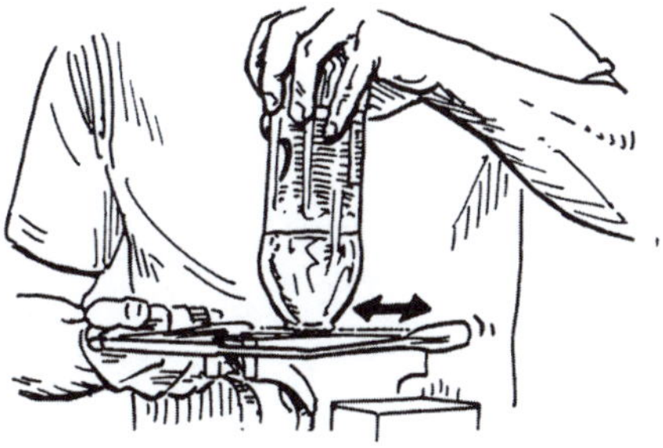

PROFI-TIPP: Verwende zwei Flaschen mit unterschiedlich farbigen Verschlüssen, damit du die Fächer nachher gut auseinanderhalten kannst.

2. Die rauen Plastikkanten mit dem Schleifpapier glätten, damit die Deckel perfekt zusammenpassen. Die Karte ebenfalls abschmirgeln – durch die Körnung verbindet sie sich später besser mit dem Epoxidharz-Kleber.

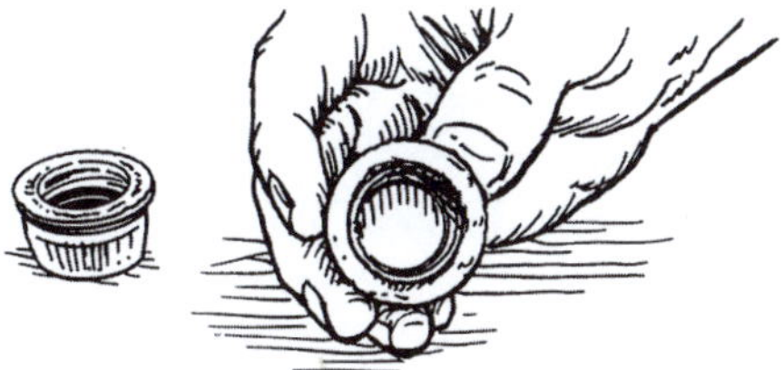

3. Mit einem Filzstift sorgfältig den Umriss eines Verschlusses auf der Karte nachzeichnen und den Kreis sauber ausschneiden. Dieser dient als Abtrennung zwischen den beiden Fächern.

4. Damit der Behälter stabil und leicht ist, die Teile mit dem Zweikomponenten-Epoxidharz-Kleber zusammenkleben. Am Boden jedes Verschlusses großzügig Kleber verteilen, mit dem Plastikkreis dazwischen die Verschlüsse zusammensetzen und gut andrücken, bis der Kleber gehärtet ist. Nach einigen Stunden ist der Behälter nutzbar.

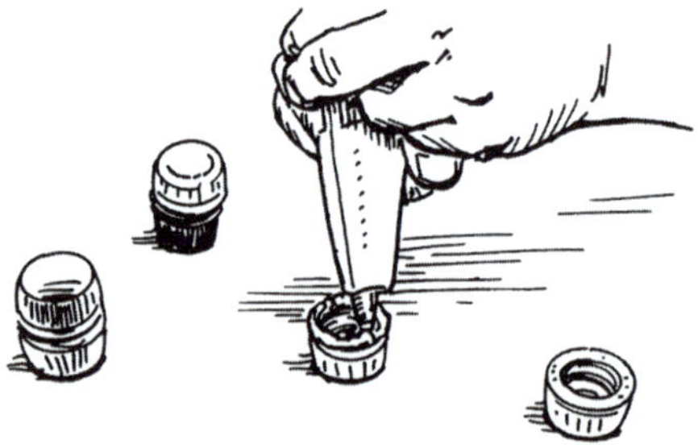

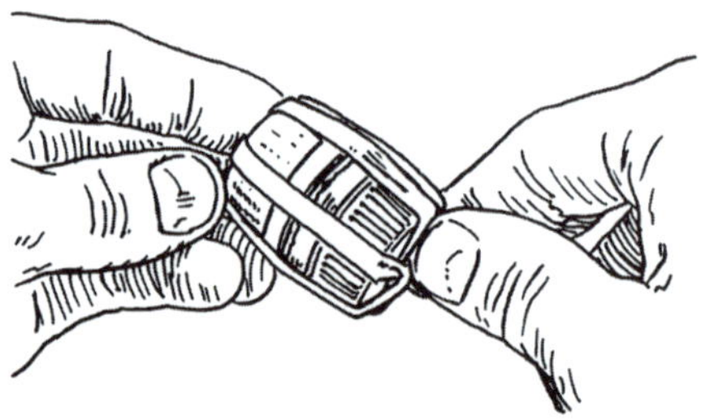

PROFI-TIPP: Noch besser kleben die beiden Verschlüsse zusammen, wenn sie einige Stunden unter Druck zusammengeklammert werden.

VERSUCHE AUCH: Noch einfacher geht es, wenn die beiden Verschlüsse mit Heißkleber verbunden werden. Dann ist der Behälter zwar nicht so stabil, aber in weniger als 3 Minuten zusammengebaut. Diese Variante ist immer noch sehr leicht, wasserfest und eignet sich gut zum Aufbewahren von Tabletten oder kleinen Süßigkeiten.

PRAXISTEST! Der Behälter wiegt weniger als 30 Gramm, lässt sich auf beiden Seiten aufschrauben und ist vollständig wasserfest. Du kannst darin kleine Dinge aufbewahren, die du zum Feueranzünden oder als Notfallset brauchst! Egal, ob du einfach nur deinen Rucksack effizient packen willst oder dich in einer Notsituation befindest, mit diesen kleinen Behältern findest du schnell, was du brauchst.

FUN FACT: Die Menschen rund um den Globus kaufen jede Minute eine Million Plastikflaschen. Diese Flaschen brauchen 400 Jahre, um zersetzt zu werden. Statt also eine Flasche einfach wegzuwerfen, kannst du sie recyceln und einen coolen Behälter bauen, der wasserfest und luftdicht ist und 400 Jahre hält!

Zerquetsch sie! Jongliere mit ihnen! Gib ihnen einen individuellen Touch! Dazu brauchst du nur eine Packung Mehl und Partyballons und schon bastelst du dir zu Hause eine ganze Serie an Superhelden-Stress-Bällen - und das fast umsonst!

NINJA-ANTISTRESS-BÄLLE

10

SCHWIERIGKEIT

DAUER

15 Minuten

MATERIAL

+ 2 Saftflaschen mit breiter Öffnung
+ Beutel mit Latex-Partyballons
+ 1 Packung Mehl

LOS GEHT'S

DIE NINJA-ANTISTRESS-BÄLLE ZUSAMMENSETZEN

1. Eine Plastikwasserflasche an der Hälfte durchschneiden, die obere Hälfte umdrehen und als provisorischen Trichter nutzen.

2. Mithilfe dieses Trichters 90 g Mehl in eine leere Saftflasche mit breiter Öffnung füllen.

3. Einen Ballon aufblasen, das Ende mehrfach verdrehen und die Öffnung über den Mund der Saftflasche ziehen. Dann den Luftballon loslassen, die Flasche umdrehen und das Mehl vollständig in den Ballon laufen lassen.

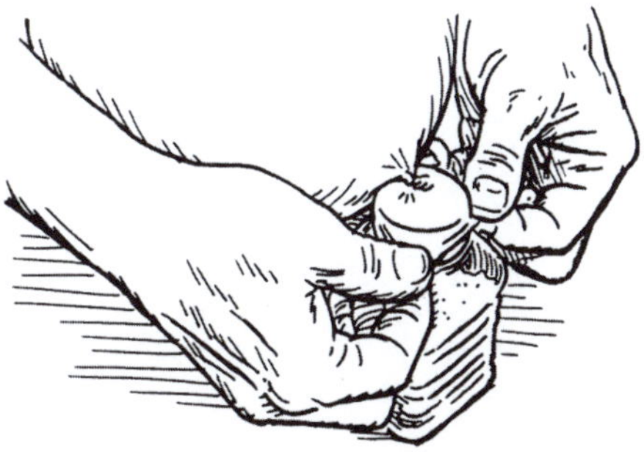

4. Den Hals des Ballons zukneifen und von der Flasche ziehen, damit die Luft entweichen kann. Den Hals weiter zudrücken und dabei den unteren runden Teil des Ballons massieren, damit das Mehl verdichtet wird und die Luft entweichen kann.

5. Den Ballon von außen mit einem feuchten Tuch abwischen und dann mit der Schere vorsichtig den Hals über dem Mehl abschneiden. Wenn du schon dabei bist: Bei einigen anderen Ballons in der gleichen Farbe ebenfalls den Hals an der gleichen Stelle abschneiden.

6. Mit den Fingern einen dieser Ballons auseinanderziehen und die Mitte vorsichtig bis zur Unterseite über den Mehlball ziehen, damit das Mehl davon vollständig umschlossen ist. An den Rändern leicht ziehen, um mögliche Falten zu glätten. Diesen Schritt mit zwei oder drei weiteren Ballons wiederholen, um sie strapazierfähiger zu machen.

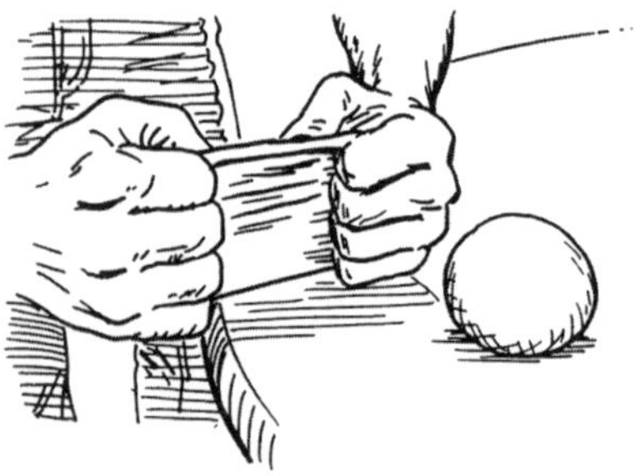

PROFI-TIPP: Eventuell noch innen am Rand einige Tupfer Sekundenkleber auftragen, damit die oberen Schichten sich nicht lösen.

7. Zum Schluss die „Ninja-Masken" aufsetzen. Hierfür an einem schwarzen Ballon den Hals abschneiden und am Rand des Ballons U-Formen ausschneiden. Den Ballon falten und in die Mitte eine U-Form schneiden. Für das Aufsetzen der Ninja-Maske den Ballon umdrehen und über den Ball ziehen.

8. Wenn möglich, sollte eines der Maskenlöcher die Nähte auf dem Ball abdecken, sodass sie nicht mehr zu sehen sind. So sieht der Ball echt professionell aus, und die meisten Leute haben keine Ahnung, wie der Ball gearbeitet wurde.

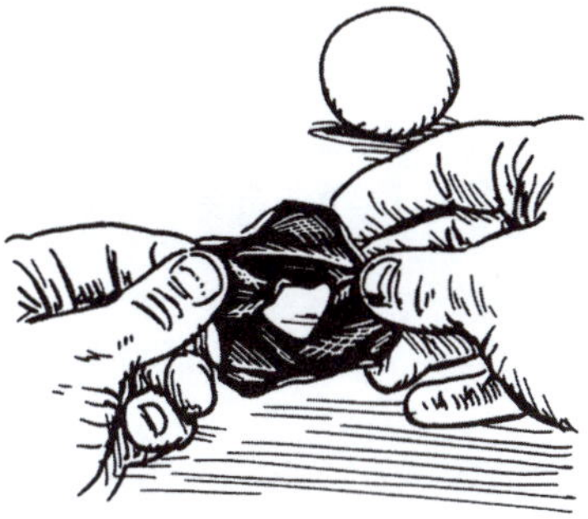

VERSUCHE AUCH: Probiere unterschiedliche Farbkombinationen und Härten aus. Achte darauf, was passiert, wenn du statt Mehl Sand oder Sägespäne in den Ballon füllst. Kombiniere vier feste grüne Bälle mit blauen, violetten, roten und orangenen Masken, die wie Ninja-Schildkröteneier aussehen, oder überleg dir andere coole Farbkombis. Es gibt unzählige Möglichkeiten. Warum solltest du im Laden Geld bezahlen, wenn du deine eigenen total günstigen Bälle selbst zusammenstellen kannst. Außerdem sind diese Bälle garantiert besser als die, die im Laden angeboten werden! Sie sind weich und haltbar und es macht viel Spaß, mit ihnen zu spielen.

WARNUNG

Sie sind so fantastisch und einfach, du kannst süchtig nach ihnen werden.

FUN FACT: Wusstest du, dass der erste Antistress-Ball eine Walnuss war? Zu Zeiten der Han-Dynastie (206 v. Chr.) zerdrückten Krieger Walnüsse, denn sie glaubten, dadurch ihre Kampfkünste in der Schlacht zu verbessern.

Egal, ob du Raketen zündest, deine Action-Figuren in den Kampf schickst oder im Park Sky Ballz wirfst, dieser easy-peasy Fallschirm verspricht allzeit eine **sanfte Landung**!

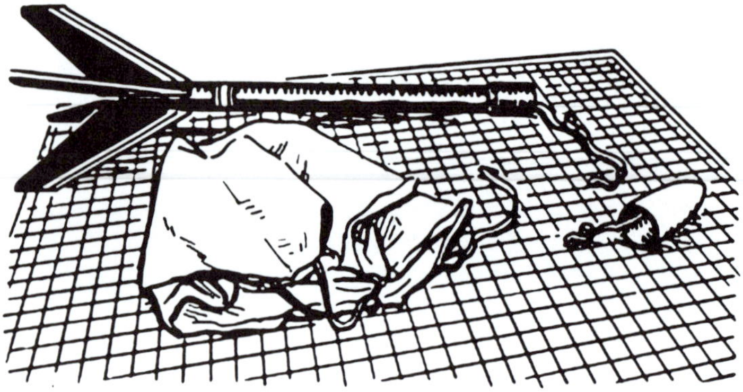

TISCHTUCH-FALLSCHIRM

11

SCHWIERIGKEIT

DAUER

15 Minuten

MATERIAL

+ Rechteckiges Plastik-Tischtuch (z. B. 140 cm x 280 cm)
+ Häkelnadel Stärke 3
+ Garn (idealerweise Häkelgarn der Stärke 3)
+ Tönnchenwirbel mit Karabiner in Größe 7 (Angelbedarf)
+ Cutter oder Schere
+ Klebeband

LOS GEHT'S

ZUSCHNEIDEN UND IN FORM BRINGEN

1. Das Tischtuch aus der Verpackung nehmen. Das Material sollte weich und an einem Ende zusammengeklappt sein, während die andere Seite gerade abgeschnitten ist. Später noch daran denken, welche Seite welche ist. Ohne das Tischtuch auseinanderzufalten, 33 cm von der zusammengefalteten Seite bis zur offen liegenden Seite abmessen. Überstehende Länge abschneiden. Vorher noch einmal kontrollieren, ob auch wirklich an der offenen Seite geschnitten wird. Besonders sauber wird der Schnitt mit einem Cutter. Ein Holzstück als Lineal ist ebenfalls empfehlenswert.

2. Das Tischtuch der Länge nach auseinanderfalten, während die Breite gleich bleibt. Genau 66 cm von einer Seite abschneiden, sodass schließlich ein 33 cm x 66 cm großes Rechteck entsteht.

3. Jetzt ist es an der Zeit für etwas Origami: Das Rechteck der Länge nach zur Hälfte falten. Darauf achten, dass an der unteren rechten Ecke die vier offenen Seiten liegen. Die Ecke mit dem Zeigefinger festhalten und das Viereck zur Spitze falten, sodass ein gleichschenkliges Dreieck entsteht. Das Dreieck sollte nun eine glatte gerade Kante haben, an der die offenen Seiten liegen. Von unten 12,5 cm abmessen, noch einmal kontrollieren, ob die offenen Seiten rechts liegen und dann das untere Stück abschneiden.

PROFI-TIPP: Du kannst diese Stücke aufbewahren und Mini-Fallschirme daraus machen.

4. Beim Auseinanderfalten des Dreiecks siehst du, dass das kleine Viereck an der unteren rechten Seite fehlt. Wenn das Tuch noch zweimal auseinandergefaltet wird, ist ein Kreuz zu sehen. Du hast gerade zwei Fallschirme vorbereitet. Aus den Resten des Tischtuchs lassen sich noch sechs weitere Fallschirme zuschneiden.

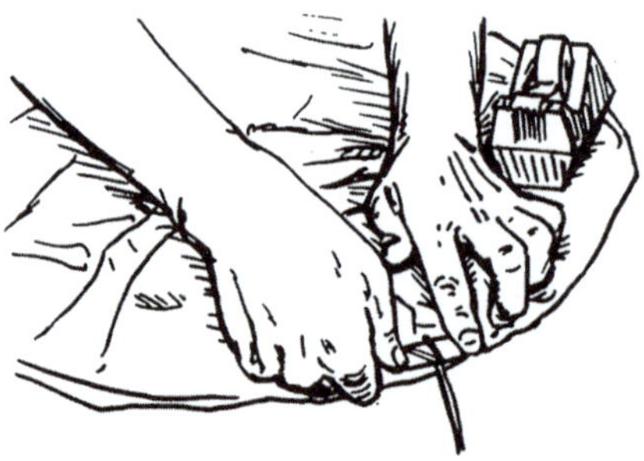

ZUSAMMENSETZEN

1. Ein 5 cm langes Stück Klebeband zuschneiden und den oberen linken Teil auf eine Ecke des Fallschirms kleben. Die gegenüberliegende Ecke des Fallschirms parallel danebenlegen – dabei sollten die Kanten unten bündig abschließen. Mit der oberen rechten Ecke des Klebebands beide Seiten verbinden. Nun den Fallschirm einmal drehen und die andere Hälfte des Klebebandes auch innen bündig an den Rand des Fallschirms kleben.

2. Alle vier Ecken auf gleiche Weise arbeiten. Die Fallschirmkappe nimmt langsam Form an.

DIE LEINEN BEFESTIGEN

1. Zunächst zwei Fäden von 84 cm Länge zuschneiden.

PROFI-TIPP: Ich empfehle Häkelgarn Stärke 3, aber jedes andere Band ist ebenso gut. Eventuell beide Fäden 4 cm vom Ende markieren, denn dadurch wird es hinterher einfacher, die Fäden an der Fallschirmkappe zu befestigen.

2. Um die Leinen am Fallschirm zu befestigen, ein kleines Stück Klebeband so auf die Fäden kleben, dass die Unterseite des Klebebandes mit der aufgezeichneten Markierung auf den Fäden bündig abschließt. Den Faden innen in den Fallschirm kleben, dabei flach auf den Plastikstoff drücken und darauf achten, dass die Markierung genau auf der Fallschirmkante liegt. Das Fadenende innen einmal umklappen und mit einem zweiten Klebeband über dem ersten fixieren. Das andere Fadenende in der Ecke rechts daneben auf gleiche Weise befestigen. Diesen Schritt mit dem zweiten Faden an den beiden anderen Ecken wiederholen.

3. Die beiden Befestigungspunkte, die durch denselben Faden verbunden sind, zusammennehmen, sodass die Markierungen an beiden Fadenenden aneinander liegen. Dann die Fallschirmleinen gerade ziehen. Ohne die Leine loszulassen, knapp am Ende des Fadens einen Knoten binden, wobei unten eine kleine Schlaufe bleibt. Das andere Ende genauso verknoten.

4. Die zwei Schlaufen nebeneinanderlegen und ein Gummiband hindurch fädeln. Mit einigen Kreuzknoten sichern. Fest anziehen, damit die Verbindung sich nicht löst.

5. Überstehendes Gummiband abschneiden, dabei genug Band überstehen lassen, um den Tönnchenwirbel daran zu befestigen. Der Fallschirm ist nun fertig und kann an einem Sky Ball, einer Action-Figur oder einer Rakete befestigt werden, und jedes dieser Teile sicher zurück zur Erde zu bringen.

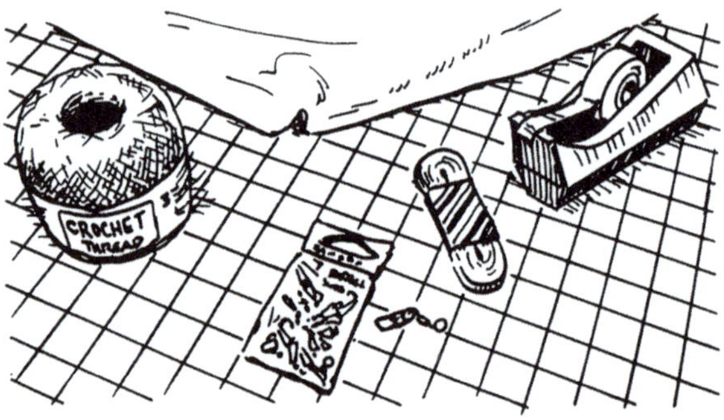

PROFI-TIPP: Du kannst die Tönnchenwirbel auch an *beiden* Enden des Gummibands befestigen und die Länge beliebig festlegen. Wenn die Leinen sich verheddern und du völlig entnervt bist, weil du sie nicht wieder entwirren kannst, dann lassen sich die Tönnchenwirbel problemlos aushaken und die Leine kann wieder gerade gezogen werden.

DEN FALLSCHIRM PACKEN

1. Den Fallschirm in der Mitte der Kappe greifen und mit der Hand über den Fallschirm fahren und ihn dabei zusammendrücken. Anschließend fest aufrollen. Die Leinen außen um die Fallschirmkappe wickeln, damit diese bis zum Entfalten fest zusammengerollt bleibt.

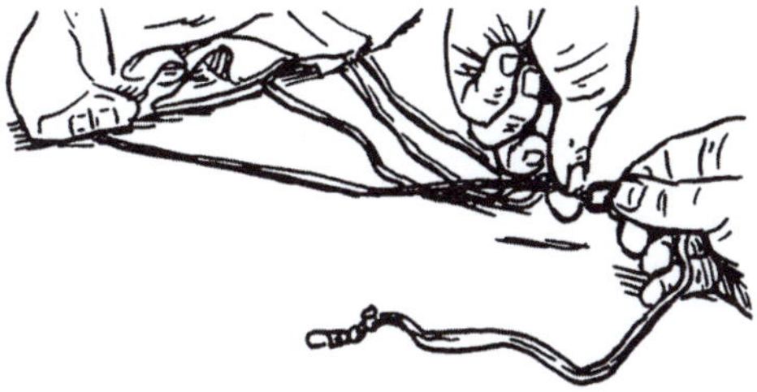

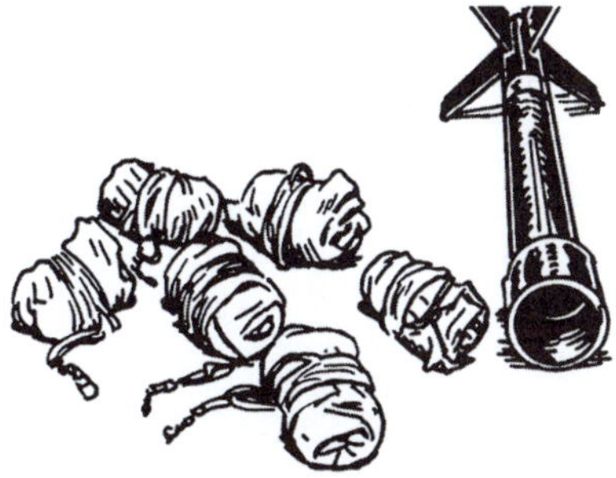

Die billigen und erstaunlich wirkungsvollen Fallschirme eröffnen dir im Freien ganz neue Möglichkeiten. So wird der Aufenthalt im Park nie wieder langweilig, wenn du eine Anzahl von Fallschirmen dabei hast und diese in den Himmel schickst.

FUN FACT: 1783 war sich Louis-Sébastien Lenormand seines neu erfundenen Fallschirms so sicher, dass er ihn direkt durch einen Sprung von einem Turm vorstellte.

Wirf einen dieser Sky Ballz hoch in die Luft und schon öffnet sich ein kleiner Fallschirm und bringt die Bälle wieder sicher zur Erde zurück. Hier kannst du deine Objekte aus anderen Projekten wirkungsvoll **zu einem völlig neuen Erlebnis kombinieren.**

SKY BALLZ

12

SCHWIERIGKEIT

DAUER

15 Minuten

MATERIAL

+ 1 Ninja-Antistress-Ball (aus Projekt 10)
+ 1 Tischtuch-Fallschirm (aus Projekt 11)
+ 1 Latex-Luftballon

optional

+ Wirbelhaken (Anglerbedarf)
+ Bindfaden

LOS GEHT'S

DIE NINJA-BÄLLE ANPASSEN

1. Die Maske von einem der Ninja-Antistress-Bälle abnehmen.

2. Die Öffnung des Latex-Luftballons breit genug auseinanderziehen, sodass der Ninja-Antistress-Ball hineinpasst. Den Ballon oben zubinden.

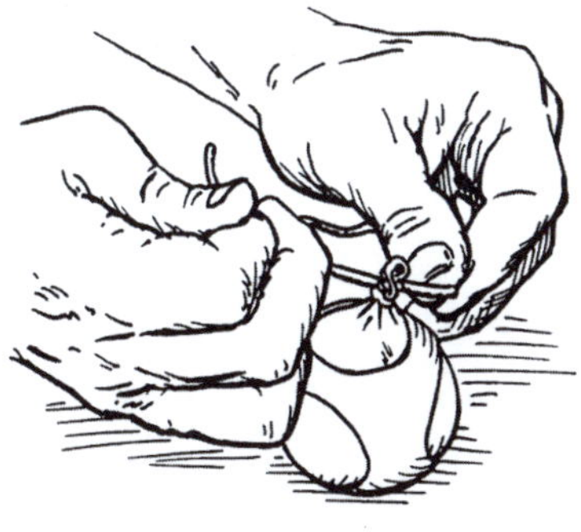

3. Die Ninja-Maske wieder über den Ball streifen; dabei die zugebundene Stelle nicht abdecken, damit dort noch der Faden befestigt werden kann.

DEN FALLSCHIRM BEFESTIGEN

1. Die beiden Schlaufen der Fallschirmleine greifen und ein Stück Bindfaden durch beide Schlaufen führen und verknoten.

2. Das andere Fadenende an den Ninja-Antistress-Ball knoten. Darauf achten, dass der Faden unter dem Knoten liegt. Überstehenden Faden abschneiden und schon ist der Sky Ball einsatzbereit.

ZEIT ZUM SPIELEN

1. Zum Zusammenwickeln den Fallschirm hochhalten, sodass die Leinen gerade nach unten hängen. Die Luft aus dem Material drücken, den Fallschirm zur Hälfte falten und zu einem Ball in Richtung der Leinen aufrollen. Dann die Leinen um den Fallschirm wickeln. So bleibt das Bündel fest zusammen, lässt sich aber leicht auseinanderwickeln, wenn es geworfen wird.

2. Der nächste Schritt gelingt ganz mühelos! Das Bündel einfach hoch in die Luft werfen und zusehen, wie sich der Fallschirm öffnet und sanft auf die Erde gleitet.

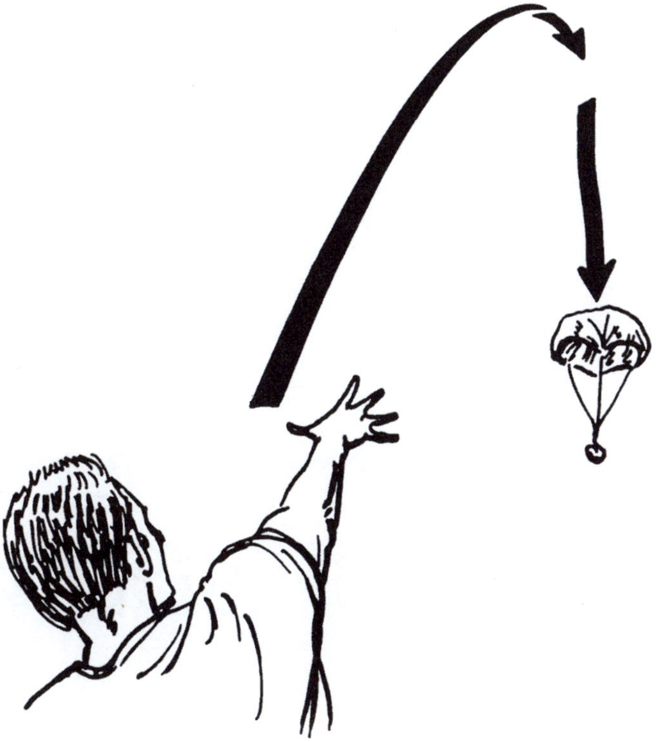

GUT ZU WISSEN: Je fester du den Fallschirm zusammenwickelst, desto länger dauert es, bis er sich wieder öffnet.

NÄCHSTE STUFE: Wenn sich die Leinen nach einem schlechten Wurf verheddern, dann ist es nicht schwierig, sie wieder zu entwirren. Doch wenn du eine Stufe weiter gehen willst, dann befestige einen Tönnchenwirbel an deinen Ballons. Diese Clips aus dem Anglerbedarf lassen sich einfach aushaken und die Leine schnell entwirren.

Die wohl einfachste halbautomatische
Gummiband-Handfeuerwaffe der Welt
wird zur mühelosesten Waffe in deinem
Schreibtisch-Arsenal:

GUMMIBAND-HANDFEUERWAFFE

13

SCHWIERIGKEIT

DAUER
5 Minuten

MATERIAL
+ Einige Gummibänder und deine Hand

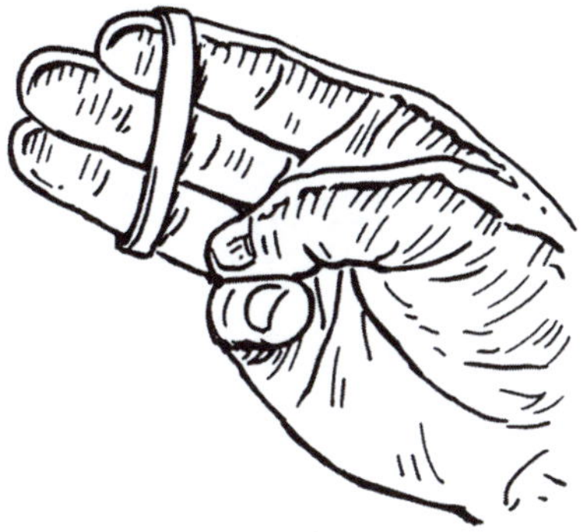

LOS GEHT'S

SICHERN UND LADEN

1. Die Hand in eine einfache Waffenform bringen – Daumen und Zeigefinger sind ausgestreckt, die drei restlichen Finger werden in der Handfläche eingeknickt.

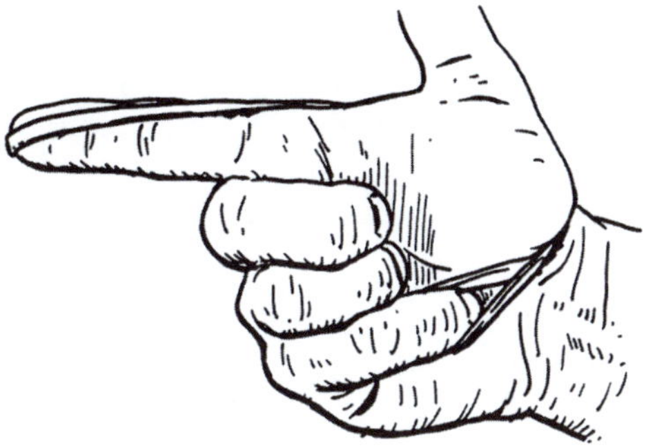

2. Ein Ende des Gummibands mit dem kleinen Finger halten, das Gummiband zurückziehen und um den Daumen führen, während das andere Ende über die Spitze des Zeigefingers gelegt wird.

3. Den Zeigefinger auf das Ziel richten, dann einfach den kleinen Finger öffnen und den Schuss abgeben.

VERSUCH AUCH: Du kannst die Schusstechnik leicht verändern und von einem einzigen Schuss zu Halbautomatik und Gewehrsalven wechseln. Zunächst das Gummiband auf gleiche Weise „laden" wie zuvor, dann zwei weitere Gummibänder um Ring- und Mittelfinger legen. Wie bei einer Halbautomatikwaffe die Gummibänder schnell hintereinander lösen, oder alle gleichzeitig. Mit dieser Anordnung kannst du verschiedene Ziele anvisieren, ohne nach jedem Schuss unterbrechen und neu laden zu müssen.

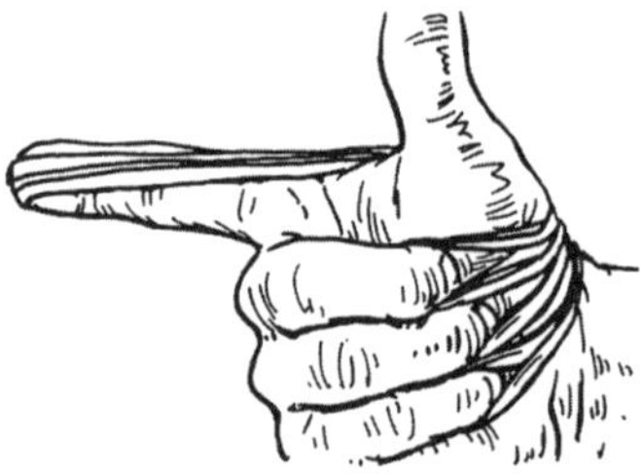

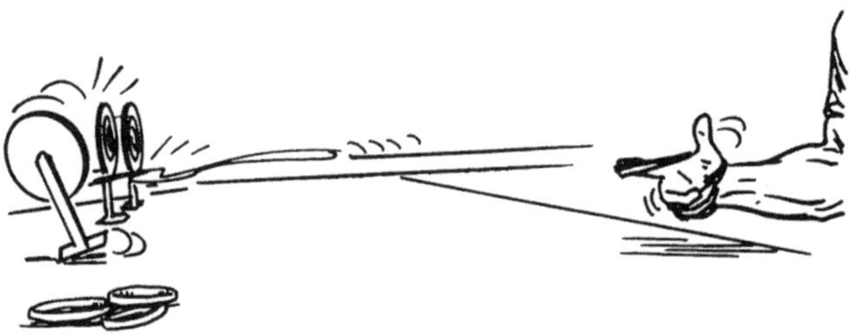

GUT ZU WISSEN: Aus Bastelpapier und Farbrührhölzern kannst du deine eigenen Zielscheiben basteln. Eigentlich geht das mit allen Materialien, solange sie nicht brechen oder lebendig sind. Versuch auf eine Dominokette zu zielen oder auf selbst gebastelte Zombie-Figuren! Die Welt steht dir offen. Das wichtigste Teil ist deine Hand.

FUN FACT: Gummibänder wurden am 17. März 1845 in England erstmals patentiert. Die US-Post ist weltweit angeblich einer der größten Nutzer von Gummibändern und verwendet sie zum Sortieren und Einteilen.

Dieser klebrige grüne Glibber ist so einfach herzustellen, dass selbst ein Dreijähriger das kann! Du benötigst nur einige normale Haushaltsutensilien und schon hast du einen **irisierenden Schleim**, mit dem sich wunderbar herumspielen lässt.

NINJA-TURTLE-SCHLEIM

14

SICHERHEIT

+ Nicht essbar: Der Ninja-Turtle-Schleim ist nicht giftig und schmeckt auch nicht wirklich eklig, aber es ist bestimmt besser, wenn du ihn in Händen hältst und nicht im Mund hast.

SCHWIERIGKEIT

DAUER

15 Minuten

MATERIAL

+ 1 Flasche Flüssigkleber (0,33 l)
+ Lebensmittelfarbe in Grün und Gelb
+ Borax-Reinigungsverstärker
+ Messbecher
+ Messlöffel
+ Rührschüssel
+ 2 ABS-Adapter (optional)

LOS GEHT'S

DIE MISCHUNG ANRÜHREN

1. Zunächst 250 ml Wasser mit ½ TL Borax gründlich mischen.

2. In einer weiteren Rührschüssel 125 ml Wasser und den gesamten Flüssigkleber verrühren. Noch 2 Tropfen grüne Lebensmittelfarbe und 5 Tropfen gelbe Lebensmittelfarbe untermischen.

3. Die beiden Mischungen verrühren und zusehen, wie sich der glibberige Schleim bildet.

4. Den Schleim in eine saubere Schüssel füllen. Es ist ein halb-durchsichtiger Schleim entstanden, der ziemlich außerirdisch aussieht, und viel Spaß beim Spielen bereitet.

AUFBEWAHRUNG: Du kannst deinen Ninja-Turtle-Schleim in einem luftdicht verschließbaren Plastikbehälter aufbewahren. Play-Doh-Behälter beispielsweise sind ideal, oder du füllst den Schleim in die gesäuberte Klebstoffflasche.

MYSTERIÖSER SCHLEIM! Wie werden deine Nachbarn wohl reagieren, wenn sie zufällig auf diesen Schleim stoßen? Rufen sie die Polizei? Oder sagen sie dem Übeltäter den Kampf an? Finde es heraus.

Wenn du in eine Notsituation oder in eine andere **apokalyptische Situation** gerätst, dann ist es am allerwichtigsten, dass du sauberes Wasser zum Trinken hast.

NOTFALL-WASSERFILTER

15

SCHWIERIGKEIT

DAUER

90 Minuten

MATERIAL

+ 3 leere Wasserflaschen
+ 3 Konservendosen
+ Sieb (optional)
+ Kohle
+ Ziegelstein (optional)
+ Sand
+ Küchenpapier

LOS GEHT'S

AUFBAU

1. Den Sand zum Trennen mit etwas Wasser in ein Gefäß schütten und beides mischen. Die größeren Steine sinken auf den Boden und Sand und Tonpartikel bleiben oben. Du kannst dazu auch ein Sieb verwenden. Den durchgesiebten Sand in eine Konservendose füllen.

2. Mit einem schweren Gegenstand wie einem Ziegelstein die Kohle zu feinem Pulver zerstoßen. Je feiner sie ist, desto besser funktioniert später der Filter.

ZUSAMMENBAUEN

1. Von einer sauberen Wasserflasche den unteren Teil abschneiden. Ein Stück Küchenpapier in die Spitze drücken, genau vor die Verschlussöffnung, damit es alles auffangen kann. Du kannst auch ein Stück von einem alten T-Shirt, eine Socke oder ein Stück Stoff verwenden, um die Kohle aufzufangen.

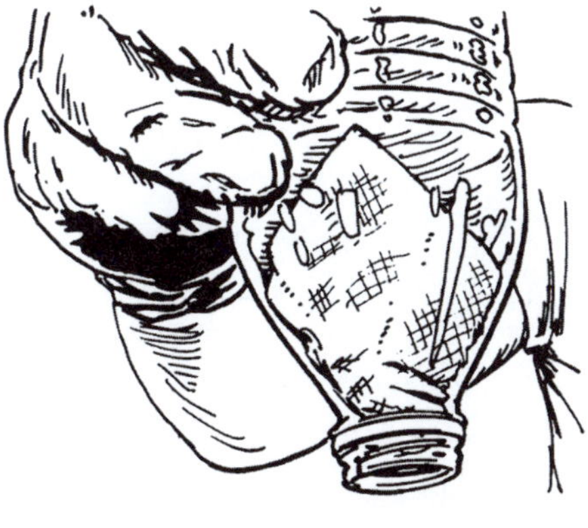

2. Anschließend die Filtermaterialien von Fein bis Grob einsetzen: einige Zentimeter Kohlenpulver, einen möglichst breiten Streifen feinen Sand und zum Schluss oben eine Schicht kleiner Kieselsteine, damit das Wasser nicht herausspritzt.

3. Du kannst noch einen Schritt weiter gehen: Aus dem Boden der Flasche ein Quadrat ausschneiden, das als Trennwand eingesetzt wird. Dieses kommt oben auf die Kieselsteine und hilft, den Wasserfluss zu regulieren und Erosion vorzubeugen.

MÖGLICHES UPGRADE:

Dies ist ein sehr einfacher Filter und es sind viele Varianten und kleine Anpassungen möglich, damit er noch effizienter arbeitet. Zum Beispiel:

+ Die Kohle und den Sand abwechselnd einfüllen – und zwar in beliebig vielen Schichten.
+ Die Wasserflasche in der Mitte durchschneiden und den oberen Teil als Filter und den unteren als Schale verwenden.

DEN FILTER VERWENDEN

1. Schmutziges Teichwasser als Testflüssigkeit sammeln.

2. Beim Filtern ist die Schwerkraft von großer Bedeutung. Wenn das Wasser einige Stunden steht, werden die gröberen organischen Stoffe zu Boden sinken. Die klare Flüssigkeit in ein anderes Gefäß gießen, sodass nur der Bodensatz zurückbleibt.

3. Das Wasser in den Filter gießen. Es dauert etwa 45 Minuten, bis das Wasser durchgelaufen ist.

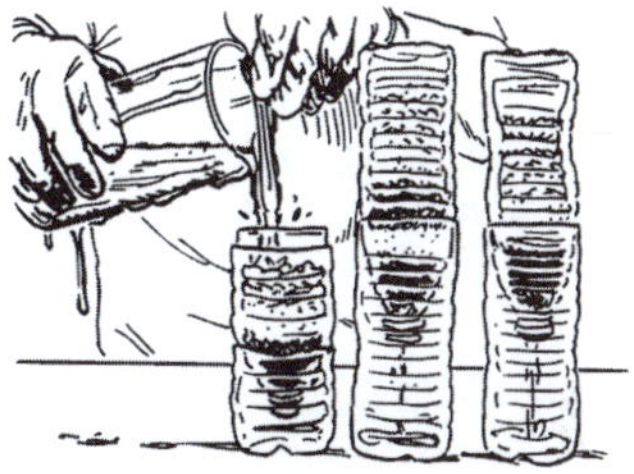

4. Nachdem das Wasser durch den Filter gelaufen ist, sieht es sauber und frisch aus. **Du solltest es aber erst trinken, wenn es sterilisiert ist.** Dazu kann man das Wasser einfach 4 Minuten in die Mikrowelle stellen, doch es gibt noch zig andere Methoden wie etwa Wasserreinigungstabletten. Du kannst das Wasser auch ein bis zwei Tage in die Sonne stellen.

PROFI-TIPP: Wenn du erst einmal Experte bist, dann kannst du das dreckigste Wasser aus dem Teich verwenden. Nach dem Filtern und Reinigen trinkst du das ganze Glas und du wirst es garantiert überleben. Du kannst nun verunreinigtes Wasser in eine feuchtigkeitsspendende Flüssigkeit verwandeln, die vielleicht dein Leben retten kann.

FUN FACT: Der menschliche Körper besteht zu 60 Prozent aus Wasser. Das bedeutet, dass Wasser der wichtigste Bestandteil der meisten Körperteile wie Gehirn, Herz, Haut und Muskeln ist. Auch deine Knochen bestehen zu 30 Prozent aus Wasser!

Wenn du dich jemals in einer Notsituation an einem Strand befindest, dann musst du dir einfach eine Kokosnuss schnappen!

KOKOSFASER-SEIL

16

SCHWIERIGKEIT

DAUER

20 Minuten

MATERIAL

+ Kokosnussschale

LOS GEHT'S

AUFBAU

1. Wenn du dir eine trockene Kokosnuss anschaust, dann fällt dir sicher das braune strohige Innere der Schale auf. Mit den Fingerspitzen etwas davon herausziehen.

2. Dieses feine Stroh zu einem Ball zusammendrücken.

PROFI-TIPP: Die Fasern sollten möglichst fein sein. Alle harten Fasern herausziehen und nur die feinen, strohigen verwenden.

DAS GRUNDMATERIAL FÜR DAS SEIL HERSTELLEN

1. Mit Finger und Daumen die Fasern leicht aus dem Ball ziehen und aus den Fasern nach und nach ein dünnes Seil drehen.

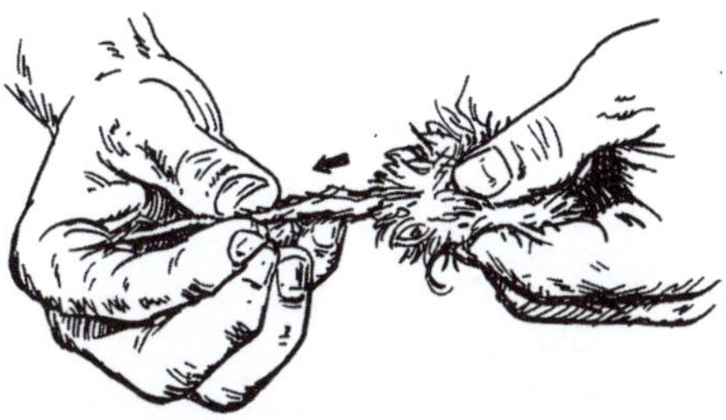

2. Durch das gleichzeitige Ziehen und Drehen verwandelt sich der Ball aus Fasern wie durch ein Wunder in ein dünnes langes Seil, bis vom Ball nichts mehr übrig ist.

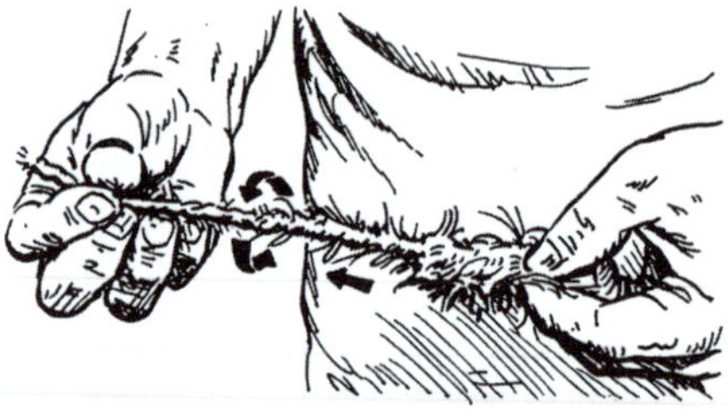

DAS SEIL VERSTÄRKEN

1. Das Seil, das aus dem inneren Stroh der Kokosnussschale gedreht wurde, ist nicht besonders widerstandsfähig. Damit es verstärkt wird, muss es noch einmal in die andere Richtung verdreht werden. Zuerst das Seil in die Hand nehmen, in der Mitte festhalten und einmal zur Hälfte zusammenlegen.

2. Das linke Ende in die gleiche Richtung wie zuvor drehen, sodass das Seil Spannung bekommt.

3. Dieses Ende über das andere Seilende legen und mit Finger und Daumen zusammendrücken.

4. Das Gleiche mit dem anderen Ende machen, das jetzt links liegen sollte. Weiterwickeln, bis das ganze Seil verbraucht ist. Durch die Drehung in die umgekehrte Richtung werden die beiden Enden fest miteinander verflochten und können sich nicht mehr lösen.

DAS SEIL VERLÄNGERN

1. Das noch recht kurze Stück Seil kann noch verlängert werden. Dazu die Enden mit einem anderen Stück Seil verbinden.

2. Du kannst ein bereits gedrehtes Seil an das Seilende setzen, indem die Faserenden der beiden Seile zusammengerieben und leicht verdreht werden.

3. Auf diese Weise kann das Seil beliebig verlängert werden. Hinterher ist kaum zu erkennen, wo die beiden Enden zusammenkommen, wenn sie erst einmal entgegengesetzt verdreht wurden.

EIN NOCH STÄRKERES SEIL

1. Durch das einfache Verdrehen in entgegengesetzte Richtung wird das einfache Seil verstärkt, doch wenn es noch stärker werden soll, dann wird es noch ein zweites Mal in die entgegengesetzte Richtung gedreht, diesmal gegen den Uhrzeigersinn.

PROFI-TIPP: Das Seil leicht ziehen, damit es weniger stark gespannt ist. Eventuell diesen Vorgang nochmals wiederholen, damit das Seil noch stärker wird.

2. Diesmal das linke Ende gegen den Uhrzeigersinn verdrehen und ein Ende unter das andere führen. Es sieht nun wie ein echtes Seil aus, doch dabei hast du es mit deinen Händen selbst geflochten.

Wer weiß schon, dass diese tropische Frucht auf zweifache Weise als nützliche Gerätschaft oder zum Überleben eingesetzt werden kann? Seile sind äußerst vielseitig nutzbar. Länge und Dicke sind variabel. Probier doch einfach mal aus, wie viel Gewicht das Seil halten oder ziehen kann.

FUN FACT: Die Kokosnuss ist äußerst vielseitig. Die Ureinwohner von Kiribati nutzten sie als Schutzschild, die Japaner schossen Kokosnüsse als Granaten im Zweiten Weltkrieg ab und die Kokosnussschale kann, wird sie verbrannt, Mücken vertreiben.

Egal, ob du mit deinem Klunker auffallen oder angeben willst oder einfach nur coole Accessoires suchst, hier sind tolle Ideen für Verschlussringe von Getränkedosen. In diesem Projekt verwandeln wir die Wunder der Ingenieurskunst in leichte Aluminiumketten.

DOSENRING-KETTE

17

SICHERHEIT

+ Scharfe Gegenstände

SCHWIERIGKEIT

DAUER

10 Minuten

MATERIAL

+ Verschlussringe von Getränkedosen (silberfarben oder bunt – du entscheidest!)
+ Schere

LOS GEHT'S

AUFBAU

1. Für dieses Projekt kannst du beim örtlichen Wertstoffhof nachfragen, ob sie dir Dosen bzw. Verschlussringe schenken können, oder du sammelst sie nach und nach selbst!

2. Zuerst die Niete an der Öffnung des verwendeten Verschlussrings entfernen.

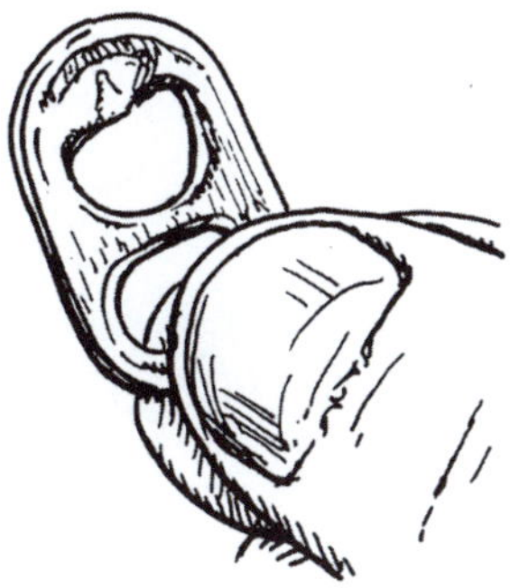

3. Dann fünf Verschlüsse bündig übereinanderlegen. Sie bilden das erste Kettenglied.

PROFI-TIPP: Du kannst die glatten, glänzenden Seiten oben und unten im Stapel nach außen legen, damit du dich nicht schneidest.

RINGE VERBINDEN

1. Mit einer Schere vorsichtig durch das dünnere Ende eines weiteren Verschlussrings schneiden. So entsteht eine kleine Öffnung.

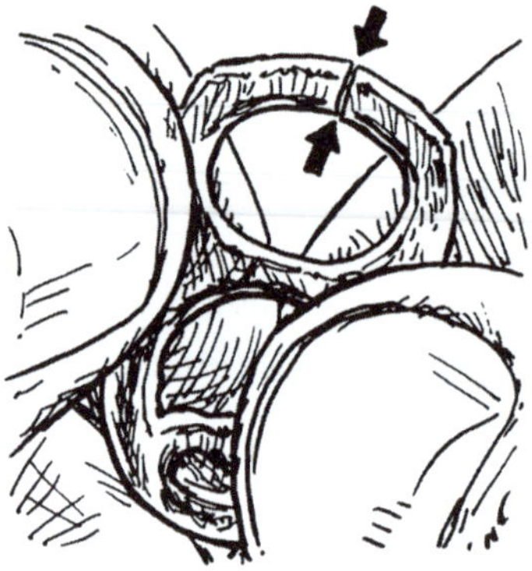

2. Diesen Verschluss im dickeren Ende des ersten Kettenglieds einhaken und das Metall wieder zu einem geschlossenen Ring zusammendrücken.

3. Diesen Vorgang wiederholen, bis alle fünf Verschlüsse im ersten Kettenglied liegen.

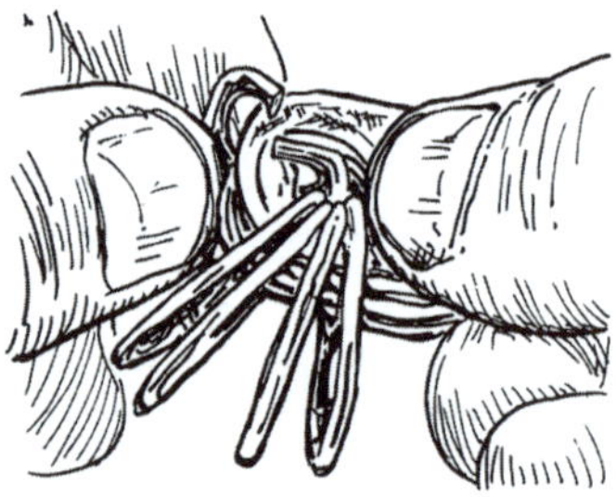

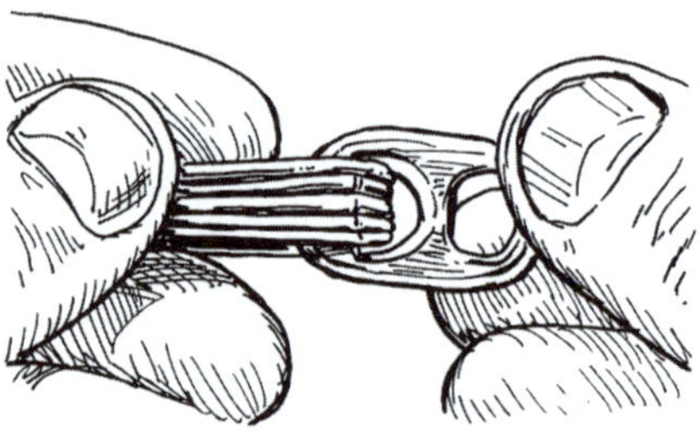

4. Auf gleiche Weise die anderen Kettenglieder, die immer aus fünf zusammengelegten Verschlussringen bestehen, hinzufügen, bis die gewünschte Kettenlänge erreicht ist. Es geht wirklich ganz einfach!

Wenn du den Dreh erst einmal raushast, dann lässt sich eine solche Kette auf vielerlei Weisen verwenden! Du kannst beispielsweise eine Schlüsselkette nach Maß, ein Schlüsseletui, ein Metallarmband, einen Gürtel oder ein Vorhängeschloss bauen oder sogar einen Bilderrahmen gestalten. Verschenke sie oder behalte sie!

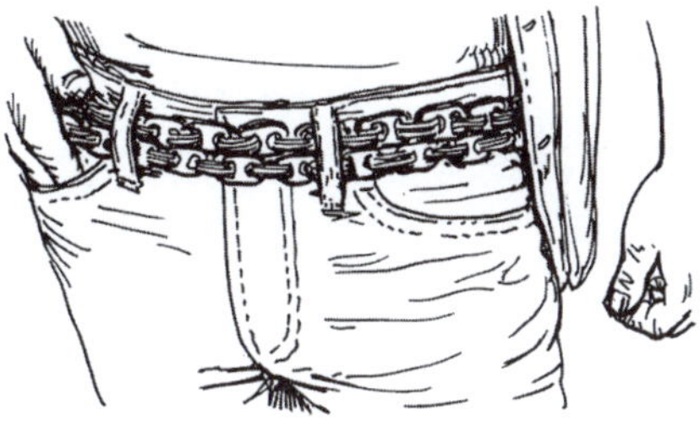

FUN FACT: Getränkedosenringe bestehen aus einem der strapazierfähigsten Materialien der Welt: Aluminium. Aluminium ist so stabil, dass man daraus sogar schon Käfige für Haie, den Humvee der US Army und das Raumschiff Orion gebaut hat.

Ist unter deinem Wechselgeld **gratis Energie** versteckt? In diesem Projekt lernst du, wie du eine Handvoll Münzen in Batterien verwandelst, die kleine Elektrogeräte mit Energie versorgen!

CENT-BATTERIE

18

SICHERHEIT

+ Strom

SCHWIERIGKEIT

DAUER

39 Minuten

MATERIAL

+ Amerikanische Penny-Münzen (oder ersatzweise 10- oder 20-Cent-Stücke, die ebenfalls Zink enthalten)
+ Pappe
+ Destillierter Naturessig
+ Aluminiumfolie
+ Zink-Unterlegscheiben (optional)

LOS GEHT'S

AUFBAU

1. Du benötigst etwa 10 amerikanische Penny-Münzen (erhältlich online oder im Münzenladen etc.), die möglichst nach 1982 produziert wurden, da diese Penny-Münzen zu fast 98 Prozent aus Zink bestehen.

2. Aus der Pappe 10 Kreise in der Größe der Pennies ausschneiden und in Essig legen.

AUFBAU

SO KOMMST DU AN DAS ZINK: Mit Schleifpapier (100er-Körnung) eine Seite jeder Münze abschmirgeln, damit das Zink sichtbar wird. Das dauert recht lange und ist auch mühsam.
Alternativ die Pennies auf doppelseitiges Klebeband setzen und mit dem elektrischen Schleifgerät die andere Seite abschmirgeln. Vielleicht gelangt dabei etwas Kleber vom Klebeband auf die Münzen. Kein Problem! Einfach mit Klebstoffentferner säubern.

PAUSE GEFÄLLIG? Statt die Münzen mühsam abzuschmirgeln, kannst du auch Zink-Unterlegscheiben kaufen. Die Wirkung ist die gleiche.

DIE BATTERIE BAUEN

1. Ein Stück Aluminiumfolie dient als Grundplatte.

2. Die Penny-Münze mit dem Kupfer nach unten auf das Aluminium legen.

3. Das in Essig getränkte Pappstück auflegen.

4. Diesen Vorgang wiederholen, bis alle Pennies und Pappstücke verbraucht sind. (Hinweis: Du kannst auch weniger als 10 Pennies verwenden.)

DIE KRAFT EINES PENNYS: Wenn du zwischendurch schon die Voltzahl testen willst, dann wirst du feststellen, dass ein Penny meist ein halbes Volt abgibt! Mit dem Zehner-Stapel wird die Stromspannung also auf über sechs Volt steigen. Das ist genug Spannung, um ein LED zum Leuchten zu bringen! Du kannst damit sogar zwei LEDs gleichzeitig mit Strom versorgen.

VERSUCH AUCH: Wenn du Zink-Unterlegscheiben verwendest, dann kannst du die Batterie folgendermaßen aufbauen: Zink, Pappe, Penny. Der Penny oben ist der Plus-Pol und die Unterlegscheibe unten der Minus-Pol.

WIE LANGE HÄLT DER STROM? Um die Batteriedauer des Penny-Stapels zu testen, kannst du mit Isolierband alles zusammenbinden (Das LED-Licht bleibt angeschlossen). Achte darauf, dass die Pappränder sich nicht berühren und das alles luftdicht eingewickelt wird. Dann kannst du beobachten, wie lange das LED-Licht brennt.

TASCHENRECHNER MIT MÜNZ-STROM?

1. Es reicht schon ein billiger Taschenrechner. Die Batterie herausnehmen und die Plus- und Minusleitungen entfernen.

2. Den Stapel aus Pennys entweder mit der Zink- oder Aluminium-Methode vorbereiten, so wie vorher beschrieben.

3. Die Stapel in Isolierband einwickeln und Drähte an die Stapel und Polstellen (Plus- und Minusleitungen im Gerät) anschließen.

4. Den Taschenrechner einschalten und einige Funktionen testen. Wenn 2 + 2 = 4 ergibt, dann hat alles geklappt!

Mit dieser Idee kannst du vielleicht etwas Geld sparen. Wenn du mal keine Batterien im Haus hast, dann lohnt es sich, diese kreative Alternative zu verwenden.

Steckst du in der Bredouille? Brauchst du ein Feuer? Dann hast du hoffentlich einen Gefrierbeutel dabei. Dann mal ran an **Flammen und Rauch**! Perfekt, wenn du dich auf einer Wanderung verirrt hast, beim Camping keine Streichhölzer mehr hast und in eine echte Notsituation gerätst.

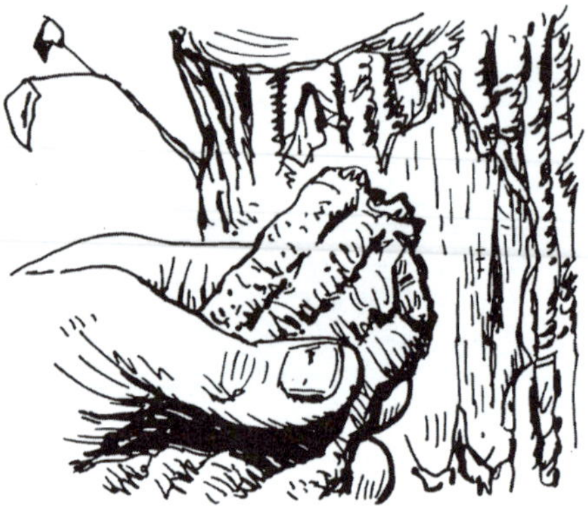

GEFRIERBEUTEL-FEUERSTARTER

19

SICHERHEIT

+ Feuer

SCHWIERIGKEIT

DAUER

25 Minuten

MATERIAL

+ Gefrierbeutel
+ Baumrinde
+ Steine
+ Zweige
+ Tote Äste
+ Trockenes Gras

LOS GEHT'S

VORBEREITUNG

1. Zuerst einmal brauchst du ein Zundermaterial, um das Feuer anzumachen.

PROFI-TIPP: Das Zundermaterial, das du verwendest, ist wesentlich. Es sollte extrem trocken sein. Baumrinde ist immer gut!

2. Mit den Steinen den Zunder zu einem feinen Pulver zerkleinern.

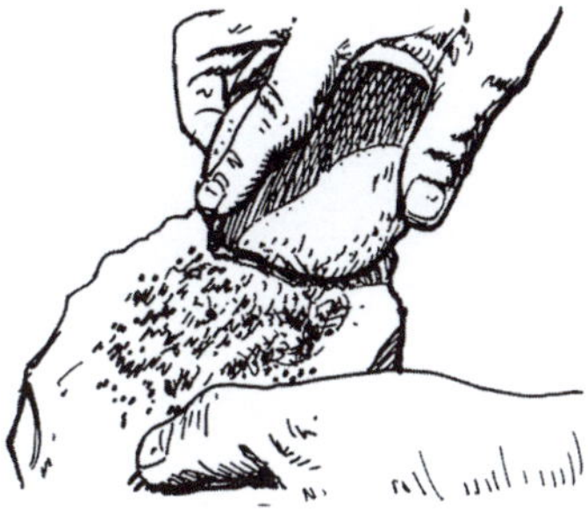

GUT ZU WISSEN: Je feiner das Pulver, desto einfacher kann es später mit Hilfe der Sonnenstrahlen entzündet werden.

3. Nach einigen Minuten wird das Pulver so fein wie Sägemehl sein.

VORBEREITUNGEN FÜR DIE FLAMMEN

4. Ein flaches Stück Baumrinde als Unterlage verwenden und das Rindenpulver darüber bröseln und zu einem Häufchen schichten.

IMMER EINE RESERVE IN PETTO: Ein zweite Rindenunterlage mit Pulver ist praktisch, wenn Glut und Kohlen zu glimmen beginnen. Du brauchst dann vielleicht noch etwas zusätzliches Pulver, um den Vorgang zu beschleunigen.

5. Mach dich nun auf die Suche und sammel verschiedene Arten von Zunder.

IM WALD ZUNDER SAMMELN

Schau dich um und du wirst sehen, was Mutter Natur dir als Zundermaterial für dein Feuer alles zu bieten hat!

+ Dünne Zweige: Meist liegen genug Zweige auf dem Waldboden herum. Diese kannst du in die Glut legen, wenn das Feuer erst einmal brennt.
+ Tote Äste: Brich einige von toten Bäumen ab und nutze sie für dein Feuer. Im Handumdrehen hast du eine gute Handvoll gesammelt!
+ Trockenes Gras: Halt Ausschau nach trockenem, gelbem Gras. Reiß es aus und versuch, so viel wie möglich zu sammeln, um es zu einem Nest zusammenzudrehen. Zweige und Äste können ebenfalls mit hinein.

PROFI-TIPP: Sobald dein Feuer brennt, werden Rauch und Flamme vom feinsten zum dicksten Zundermaterial wandern: von trockenem Gras über Zweige zu den Ästen.

PLASTIKBEUTEL-LUPE

Diesmal wird der Gefrierbeutel nicht für ein belegtes Sandwich genutzt – sondern als eine Art Brennglas!

1. Den leeren Beutel zur Hälfte mit Wasser füllen. Du kannst Wasser aus dem Bach oder aus der Wasserflasche nehmen.

EXTREMSITUATIONEN: Du kannst kein Wasser finden? Dann musst du hoffentlich pinkeln? Im Notfall lässt sich nämlich auch Urin verwenden.

2. Den Beutel zur Seite kippen, sodass er eine Diamantform bildet, wobei eine Spitze nach unten zeigt.

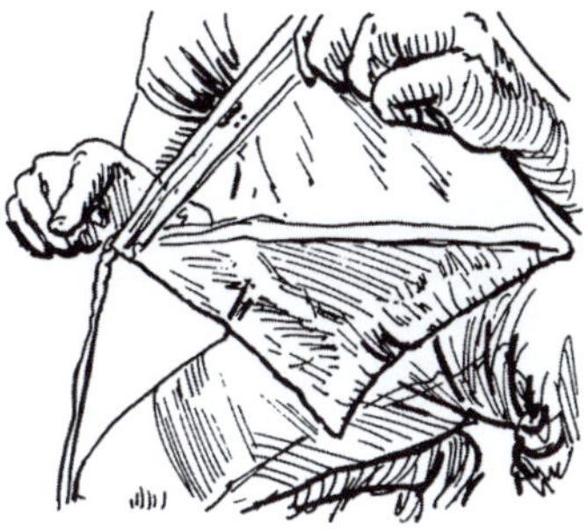

3. Dann den Beutel an der Oberseite greifen und dann so verdrehen, dass möglichst viel Wasser im Beutel bleibt. Je stärker der Beutel verdreht wird, desto praller wird er. Er sieht dann wie eine flüssige Kugel aus.

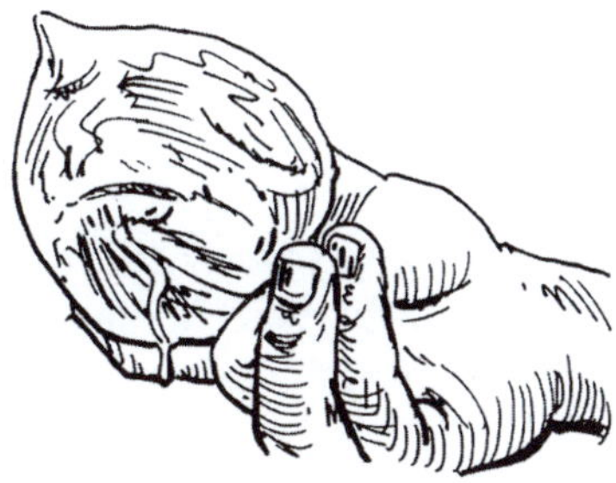

PROFI-TIPP: Die Sache ist etwas heikel, denn je fester du den Beutel drehst, desto eher kann er platzen. Also aufgepasst!

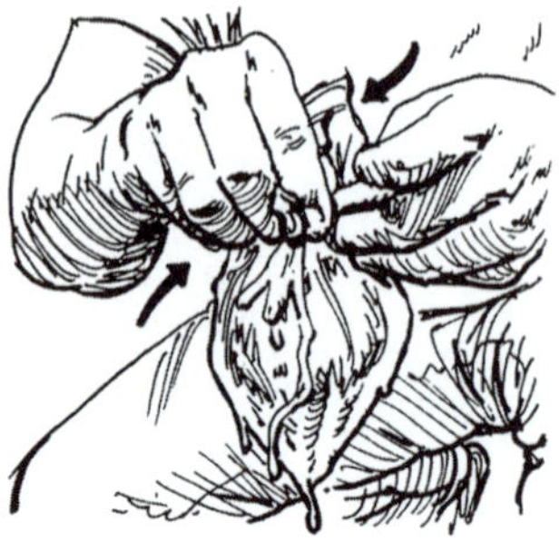

DIE KRAFT DER SONNE NUTZEN

1. Der Zunder ist vorbereitet und auch die flüssige Lupe liegt bereit. Jetzt braucht es nur noch Geduld und die Sonne wird ihre Magie entfalten.

2. Die Beutelkugel fungiert als eine Art Brennglas, wenn sie über das Zundermaterial gehalten wird. Dabei sollte kein Wasser auf das Pulver und die Rinde tropfen.

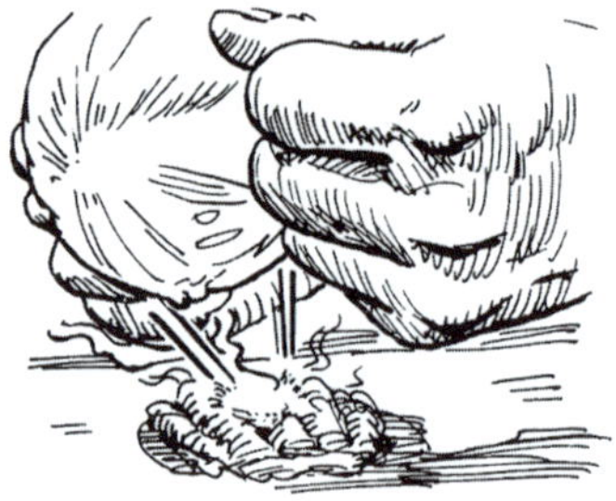

Es sollte direkt anfangen zu qualmen!

3. Sobald sich weiße Kohle zeigt, etwas frischen Zunder auflegen.

4. Diesen Vorgang wiederholen, bis es ordentlich qualmt. Immer wieder neues Brennmaterial auflegen, während es schwelt und sich aufheizt. In der Zwischenzeit den Zunderhaufen zu einem Bündel zusammennehmen.

5. Das Zunderbündel auf die rauchende Rinde drücken und vorsichtig umdrehen.

6. Das Bündel vorsichtig um die Rinde legen, um möglichst viel Hitze aufzufangen.

PROFI-TIPP: Dicker Rauch zeigt an, dass du nun einen Schritt weitergehen kannst. Vorsichtig das Feuer anpusten, um das Anzünden zu beschleunigen.

7. Sobald sich die erste Flamme zeigt, möglichst schnell kleine Zweige nachlegen! Wenn das Feuer droht auszugehen, dann einfach noch etwas kräftiger pusten!

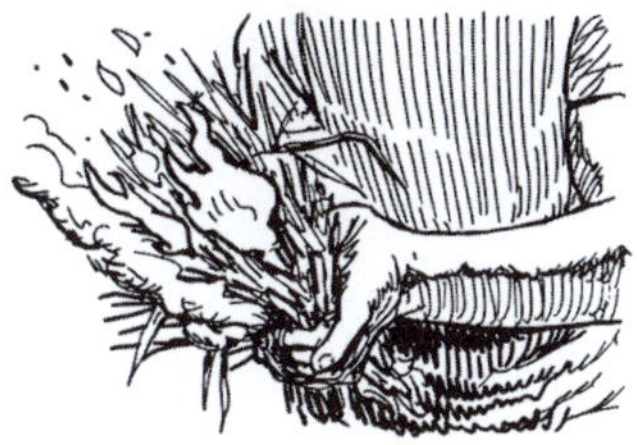

Es gibt so viele zufällig gefundene Dinge, mit denen du in Notsituationen ein Feuer machen kannst – Flaschen, Glühbirnen, Frischhaltefolie und sogar mit deinem Urin! Immer, wenn du etwas Neues in dein Feuerstarter-Set aufnimmst, wirst du zum echten Überlebenskünstler! Wenn du zum Meister im Feuermachen geworden bist, dann wirst du in der Lage sein, fast jedes Material zu verwenden, wenn du einmal in Not bist!

FUN FACT: Wie wurde das Feuer überhaupt erfunden? Wenn Sauerstoff mit einem Brennmaterial reagiert, kommt es zu einer natürlichen chemischen Reaktion und es entsteht Feuer. Deshalb ist es eigentlich nicht erfunden worden. Feuer von Blitzen und anderen natürlichen Quellen muss die ersten Betrachter des Feuers sehr beeindruckt haben. Doch die Frage, wer als Erster Feuer mit Werkzeugen und Materialien selbst gemacht hat, ist von Wissenschaftlern noch nicht abschließend beantwortet worden. Manchmal lassen sich unsere Fragen nicht eindeutig klären. Wir müssen einfach weiterforschen.

Wir haben dir schon einige Tricks gezeigt, um in der Wildnis zu überleben, aber so etwas hast du noch nicht gesehen! Du brauchst dazu nur Kaugummipapier und eine AA-Batterie und schon kannst du ein Feuer anzünden – und zwar in jeder Lebenslage. Natürlich kannst du auch nur zum Spaß ein Feuer machen.

KAUGUMMIPAPIER-FEUERSTARTER

20

SICHERHEIT

+ Feuer

SCHWIERIGKEIT

DAUER

90 Minuten

MATERIAL

+ Kaugummi-Einwickelpapier (eines mit einer metallischen Seite)
+ AA-Batterie
+ Schere

LOS GEHT'S

AUFBAU

1. Der Trick, mit dem dieses Projekt funktioniert, ist das Kaugummipapier. Es sollte eine glänzende metallische Außenseite und eine strukturierte, faserige Innenseite haben.

> **PROFI-TIPP:** Probier einfach verschiedene Kaugummimarken aus, um zu sehen, mit welchem Papier du die besten Ergebnisse erzielst.

2. Auf jeden Fall eine AA-Batterie verwenden.

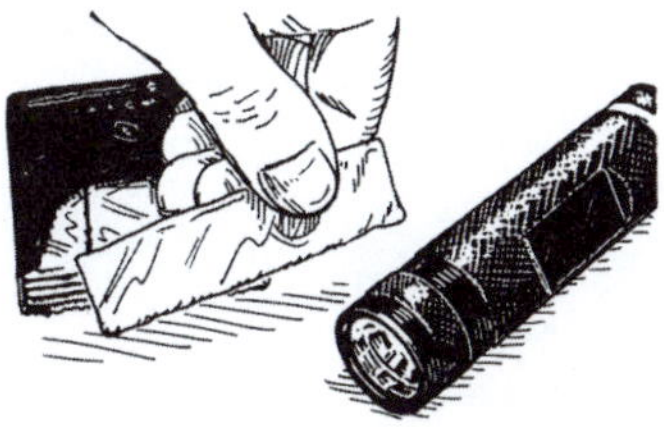

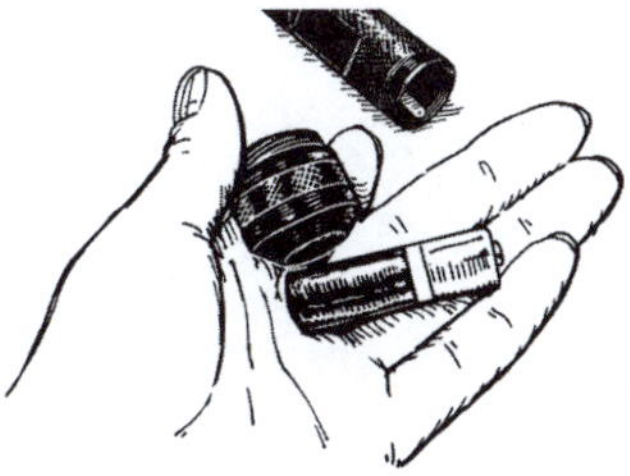

SO FUNKTIONIERT'S

1. Wusstest du, dass eine Batterie einen Plus-Pol und Minus-Pol hat? Wenn beide Pole mit einem leitfähigen Material verbunden werden, dann fließt Strom. Hier ist das Leitmaterial die metallische Seite des Kaugummipapiers.

EINFACH ERKLÄRT! Wenn wir uns Strom als Wasser vorstellen, dann ist die Stromspannung, die aus der Batterie kommt, mit dem Wasserdruck zu vergleichen und der Leiter ist dann der Schlauch oder das Rohr, durch die das Wasser dorthin geleitet wird, wo wir es haben wollen.

2. Wenn das Einwickelpapier beide Pole berührt, dann wird die Batterie heiß und du verbrennst deine Fingerspitzen.

Deshalb sollte das Einwickelpapier dünner sein, damit die elektrische Spannung sich derart aufbauen kann, damit sie genug Hitze produziert, um ein Feuer zu entzünden.

NICHT AUFGEBEN! Es ist manchmal schwierig, die passende Länge zu finden. Ist es zu dünn, brennt es in der Mitte durch; ist es zu dick, verbrennst du dir die Finger. Es ist ein echter Balanceakt.

PROFI-TIPP: Am besten funktioniert das Anzünden, wenn das Einwickelpapier in drei Teile geschnitten wird. So erhältst du drei verschiedene Längen zum Anzünden.

DAS FEUER ANZÜNDEN

1. Das Einwickelpapier längs in drei Teile schneiden. Die Seiten zuschneiden, sodass die Streifen die Form einer Eieruhr haben. Die Mitte sollte so dick sein wie die Schneide der Schere.

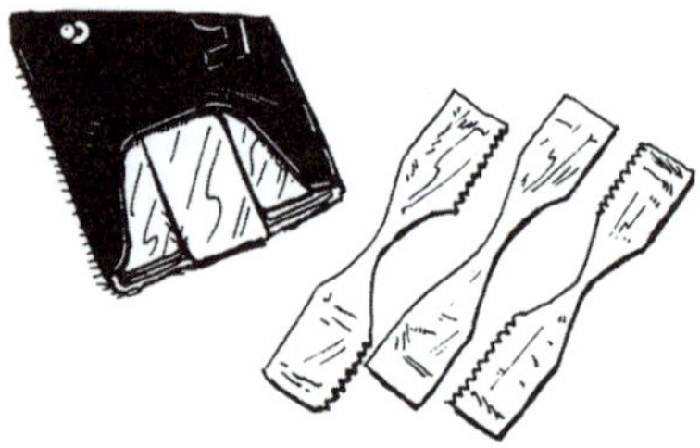

2. Damit der Anzünder auch funktioniert, deinen vierten Finger unter das Einwickelpapier legen, wobei die glänzende Seite nach oben zeigt.

3. Anschließend die AA-Batterie auf den Finger drücken, wobei das Einwickelpapier zwischen Batterie und Finger liegt.

4. Die Batterie mit Daumen und Zeigefinger gerade halten.

5. Dieser letzte Schritt muss nun zügig ablaufen. Das obere Ende der Folie auf die obere Seite der Batterie legen. Bewege deine Finger. Mit dem Daumen die Batterie senkrecht halten und das Einwickelpapier sollte sich direkt entzünden.

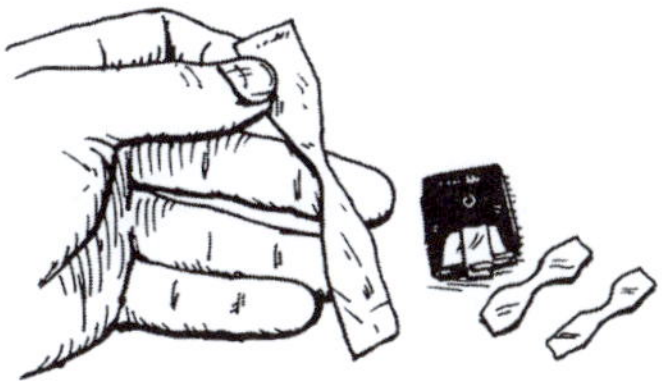

PROFI-TIPP: Wenn du die Batterie waagerecht hältst, wird der Großteil der Hitze nach oben geleitet. Dann entsteht nur Rauch, aber keine Flamme.

VERSUCH AUCH: Wenn du deine Finger nicht verbrennen willst, dann schütze sie mit einem Stück Kaugummi oder mit der Kaugummipackung.

Auf was wartest du noch? Plan dein Überlebensabenteuer im Feuermachen. Auf geht's in die Wüste mit Kaugummi und Batterie (vielleicht wären Wasser und Pommes auch nicht schlecht … schließlich sollte man nicht gleich zu viel auf einmal riskieren). Schau dich um, mit was du ein Feuer machen kannst. Such dir trockenes Gras und Zweige und zünde sie mit deinem Feuerstarter an. Im Handumdrehen wirst du zum echten Überlebensexperten.

Wie cool wäre es, Sand in Wasser schütten zu können, ohne dass er nass wird?
Mit bunten Farben kannst du viele lustige Unterwasserskulpturen erschaffen.

ZAUBERSAND

21

PROFI-TIPP: Du kannst prinzipiell jedes Silikon-Imprägnierspray verwenden, aber meiner Erfahrung nach funktioniert es mit NeverWet am besten. Falls du NeverWet im Baumarkt nicht bekommst, kannst du das Spray auch im Internet bestellen.

SICHERHEIT

+ Dämpfe vom Spray + Entflammbar

SCHWIERIGKEIT

DAUER

48 Stunden (zwei Nächte zum Trocknen)

MATERIAL

+ Latex- (oder Gummi-) Handschuhe – egal, welche Handschuhe, solange sie die Hände schützen und du den Sand damit leicht aufbrechen kannst, ohne dass er an den Handschuhen kleben bleibt)
+ Beutel mit Quarzsand
+ Imprägnierspray „NeverWet" von Rust-Oleum (2 Sprühdosen: Grundierung und Deckbeschichtung) oder Ähnliches)
+ Großes Backblech aus Weißblech oder Aluminium

LOS GEHT'S

DEN SAND VORBEREITEN

1. Eine Handvoll Sand gleichmäßig auf dem Backblech verteilen. Nur eine dünne Schicht streuen, sonst wird das Spray den Sand nicht durchtränken.

DEN SAND IMPRÄGNIEREN

1. Diesen Schritt im Freien ausführen, damit die Dämpfe des Sprays nicht eingeatmet werden. Den gleichmäßig verteilten Sand mit dem Spray besprühen. Dabei sollte das Spray die ganze Oberfläche abdecken.

WARNUNG: Da die Dämpfe des Sprays schädlich sein können, solltest du den Sand nur im Freien ansprühen. Lass den Sand an der Luft trocknen, da das wasserfeste Spray entflammbar ist. Du solltest den Trocknungsprozess nicht zusätzlich beschleunigen, indem du Hitze zuführst. Trag auf jeden Fall Handschuhe, denn du trennst den Sand mit den Händen, nachdem er imprägniert wurde.

2. Über Nacht draußen trocknen lassen.

3. Nachdem der Sand getrocknet ist, mögliche Klumpen zerbröseln, sodass der Sand eine feine Struktur bekommt. Den Sand auflockern und nochmals gleichmäßig auf dem Backblech verteilen. Nochmals mit dem Imprägnierspray besprühen, damit der Sand auch wirklich vollständig imprägniert wird. Eventuell mehrmals einsprühen.

4. Den Sand nochmals über Nacht trocknen lassen.

TESTE SELBST!

1. Wenn der Sand vollständig getrocknet ist, mögliche Klümpchen zerkleinern, sodass ein feines Pulver entsteht. Für den Test etwas Sand auf einen Löffel geben und diesen in eine Schüssel mit Wasser tauchen. Oder den Sand direkt ins Wasser geben, um zu sehen, was passiert.

2. Wenn er beim Herausnehmen etwas nass ist, den Sand mit den Händen ausdrücken und auf Küchenpapier trocknen lassen. Im trockenen Zustand wird er wieder wasserabweisend.

PROFI-TIPP: Wenn du mit dem Sand noch etwas experimentieren möchtest, dann kannst du Tinte auf Alkoholbasis und ein Airbrush-Gerät verwenden, um den Sand vor dem Imprägnieren einzufärben.

FUN FACT: Zaubersand kann in Wasser verklumpen, da das Imprägnierspray hydrophob, also wasserabweisend, ist. Der besprühte Sand wird ebenfalls wasserabweisend, sodass der Sand zusammenklumpt, und sich so die Wassermenge, die in den Sand eindringen kann, minimiert.

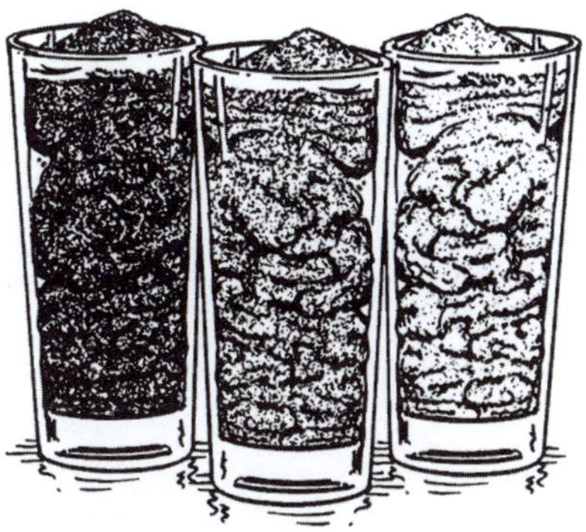

BUM-erang! Mit Rührhölzern zum Anrühren von Farbe und etwas Klebstoff hast du einen super Tag mit dem Projekt.

RÜHRHOLZ-BUMERANG

22

SICHERHEIT

+ Scharfe Kanten

SCHWIERIGKEIT

DAUER

20 Minuten

MATERIAL

+ 2 Farbrührhölzer
+ Holzkleber
+ Schleifpapier
+ Holzklotz
+ Klemme oder Wäscheklammer
+ Winkelmesser (oder ein anderes Messgerät mit 90-Grad-Winkel)

GUT, DICH WIEDER ZU SEHEN! Wir alle lieben diese schönen alten Bumerangs. Ursprünglich stammen sie aus Australien. Es sind flache, gebogene Hölzer, die an den Rändern etwas gehobelt und bearbeitet sind. Wenn sie richtig geworfen werden, wenden sie in der Luft und kommen wieder zurück.

LOS GEHT'S

EINEN BUMERANG BAUEN

1. Möglichst flache Rührhölzer verwenden. Das Holz auf eine glatte Oberfläche legen und kontrollieren, ob es wirklich flach ist. Du kannst auch mit dem Auge Maß nehmen. Wenn das Holz ganz leicht gebogen ist, die leicht gebogene Seite als Oberseite verwenden.

2. Zur Bestimmung der exakten Mitte die zwei Hölzer ausmessen, die Mitte markieren und zum Kreuz legen.

3. Holzkleber an der Schnittstelle auftragen und die Hölzer mit einer Klemme oder einer Wäscheklammer an der Mittelmarkierung senkrecht zusammenhalten. Mit dem Winkelmesser kontrollieren, ob sie wirklich im 90 Grad Winkel zueinander liegen. Wenn der Kleber getrocknet ist, die Klemme oder Wäscheklammer entfernen.

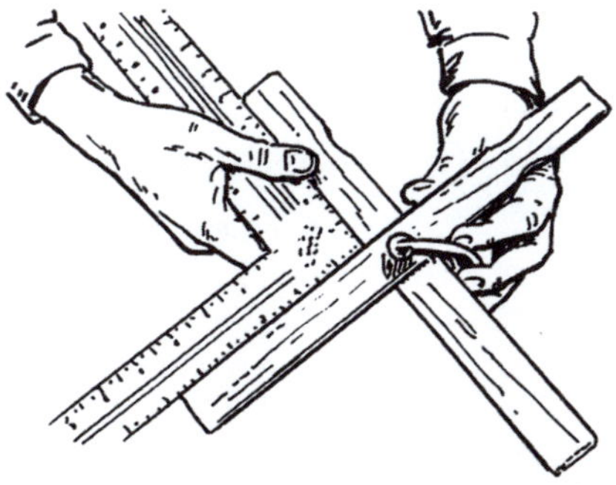

4. Mit dem Schleifpapier jeden Arm zum Flügel formen (die Flügellinien vor dem Abschmirgeln mit einem Filzstift aufzeichnen). Jeder Arm des Bumerangs hat eine Vorderkante und eine Hinterkante. Der Bumerang wird mit der Vorderkante geworfen und er kommt mit der Hinterkante wieder zurück.

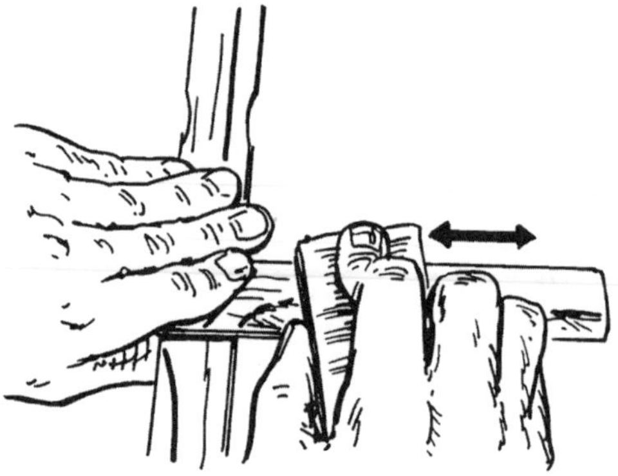

5. Das Schleifpapier am Holzklotz befestigen. Nun die Flügel in die richtige Form bringen. Dazu die Hinterkante zur Hälfte leicht schräg abschmirgeln, sodass sie zum Rand hin schmaler wird.

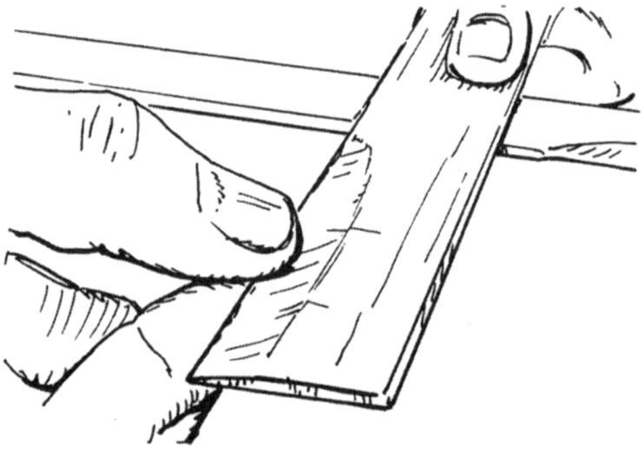

6. Die Vorderkante abrunden.

DEN BUMERANG FLIEGEN LASSEN

1. Den Bumerang gerade von unten nach oben werfen (senkrecht). Dann sollte er davonfliegen und wieder zurückkehren. Jeder Flug ist anders, deshalb möglichst viele Versuche starten, bis der Bumerang genau die richtige Flugbahn hat. (Hinweis: Auch der Wind kann die Flugbahn des Bumerangs beeinflussen!)

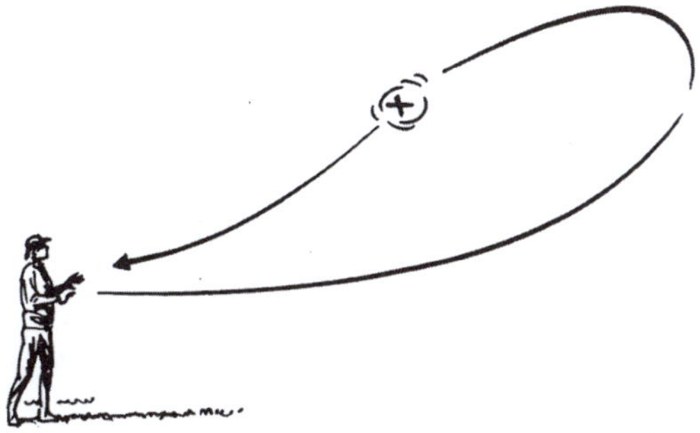

FUN FACT: Von den ägyptischen Königen bis hin zu den australischen Aborigines: Bumerangs werden schon seit langer Zeit als Jagdwaffen eingesetzt. Ihren Ursprung haben sie in der Steinzeit – da wurden sie noch aus Knochen, Holz und sogar aus Mammut-Stoßzähnen gefertigt.

Hast du schon einmal davon geträumt, ein echter James Bond oder Jason Bourne zu sein? Ein Spion alter Schule ist in der Lage, geheime Botschaften zu verschlüsseln und zu dechiffrieren. Mit diesem einfachen Projekt wirst auch du zum ausgebufften Spion!

UNSICHTBARE TINTE

23

SICHERHEIT

+ Gefährliche Flüssigkeiten

SCHWIERIGKEIT

DAUER

15 Minuten

MATERIAL

+ Papier
+ Zitronen
+ Bambusstäbchen/Eingabestift
+ Elektrische Herdplatte
+ Küchenpapier
+ Sprühflasche
+ Feuerzeug
+ Backpulver
+ Grapefruitsaft
+ Tasse oder Teller
+ Bleichmittel
+ UV-Taschenlampe

LOS GEHT'S

Wir werden drei verschiedene Arten von Tinte herstellen.

UNSICHTBARE TINTE MIT ZITRONENSAFT

1. Eine Zitrone über einem Glas oder einem Teller auspressen (oder fertig gepressten Zitronensaft verwenden).

2. Ein Bambusstäbchen in den Saft tauchen.

3. Mit dem in Zitronensaft getauchten Stäbchen eine Nachricht auf ein Blatt Papier schreiben. Zwischendurch das Stäbchen immer wieder in den Zitronensaft tauchen.

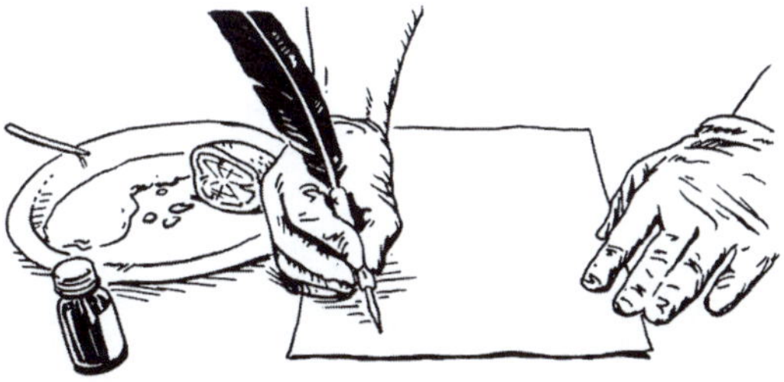

4. Um die Nachricht später sichtbar zu machen, ein angezündetes Feuerzeug vorsichtig unter dem Papier hin- und her bewegen, oder das Blatt über eine elektrische Herdplatte halten. Darauf achten, dass das Papier nicht anbrennt. Wird das Papier gleichmäßig erwärmt, wird die Nachricht sichtbar.

VERSUCHE AUCH: Mit einem altmodischen Füllfederhalter kannst du ausprobieren, wie sich damit die geheimnisvollen Nachrichten verändern.

BACKPULVER UND WASSER-TINTE

1. Backpulver und Waser zu gleichen Teilen mischen.

2. Das Bambusstäbchen in die Mischung tauchen und damit die Nachricht auf ein Blatt Papier schreiben.

PROFI-TIPP: Mit einem Küchenpapier überschüssige Flüssigkeit aufnehmen.

3. Etwas Grapefruitsaft in eine kleine Sprühflasche füllen und damit das Papier besprühen. Es duftet direkt wunderbar nach Grapefruit. Nun gilt es noch herauszufinden, ob sich auch die Nachricht zeigt.

4. Die Nachricht müsste nun zu lesen sein. Gibt es Unterschiede zum Zitronensaft?

BLEICHTINTE

1. Eine kleine Menge Bleichmittel in eine Tasse oder auf einen Teller geben.

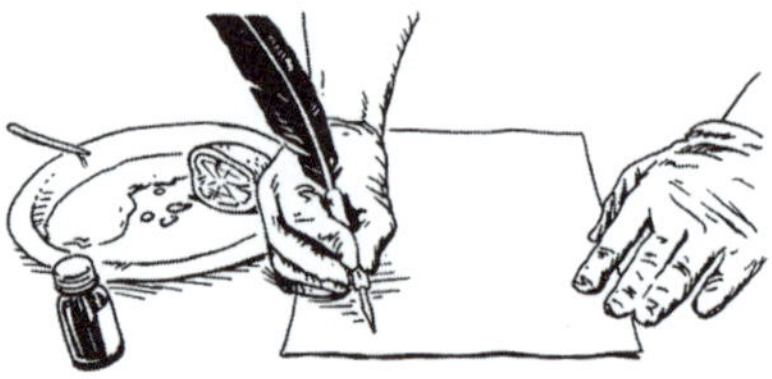

2. Das Bambusstäbchen in das Bleichmittel tauchen und die Nachricht schreiben. Theoretisch sollte die Bleiche unter UV-Licht leuchten und reflektieren. Allerdings leuchtet das Papier und die Tinte bleibt dunkel.

3. Die UV-Taschenlampe über der Nachricht hin- und her bewegen und schon ist der Text sichtbar.

Besonders cool an der UV-Taschenlampe ist, dass die Nachricht nur zu sehen ist, wenn das Licht an ist, während die mit Zitronen- und Grapefruitsaft geschriebenen Nachrichten sichtbar bleiben, nachdem sie behandelt wurden. Beim UV-Licht sieht man zudem, was man gerade schreibt.

WELCHE METHODE BEVORZUGST DU? Du hast jetzt alle drei Methoden ausprobiert. Welche würde dir am besten gefallen, wenn du ein Spion wärest? Du kommst einem echten Spion immer näher.

FUN FACT: Unsichtbare Tinte wurde zum ersten Mal von Aeneas Tacticus im 4. Jh. v. Chr. in seinem Buch *Wie überlebt man im Belagerungszustand* erwähnt.

Erinnerst du dich? Wenn du dich noch an die frühen 1990er-Jahre erinnern kannst, dann kennst du garantiert noch diese Klack-Armbänder – damals der letzte Schrei. Jetzt kannst du sie selbst basteln und den Retro-Style feiern. Es macht irre Spaß, mit ihnen herumzuspielen!

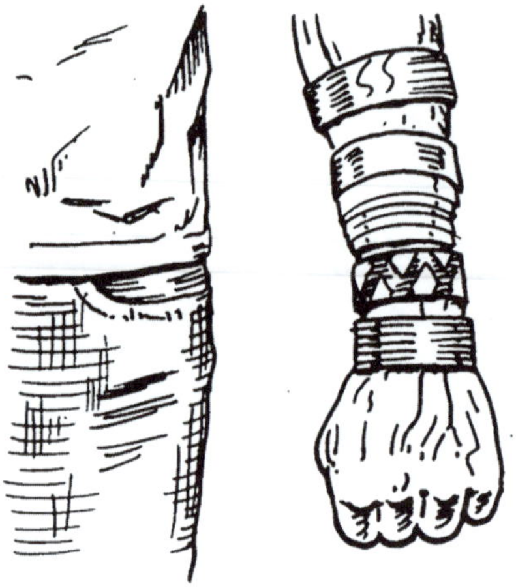

KLACKBÄNDER

24

SICHERHEIT

+ Scharfe Gegenstände – Schere, Messer, Schraubenzieher

SCHWIERIGKEIT

DAUER

20 Minuten

MATERIAL

+ Klebeband
+ Metallmaßband
+ Schere
+ Schraubenzieher (oder ein Stab-ähnlicher Gegenstand mit glatter, runder Oberfläche)
+ Schraubstock

LOS GEHT'S

1. Das Maßband ausziehen und festsetzen, damit es nicht wieder zurückspringt. Möglichst ein Maßband verwenden, das auch beschädigt werden darf.

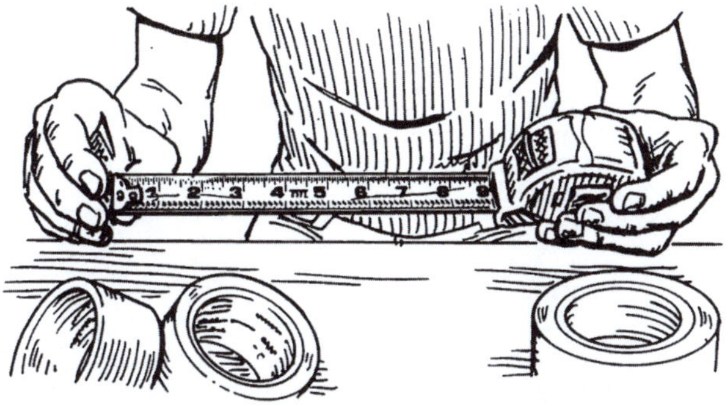

2. Das Maßband in 15–18 cm lange Abschnitte schneiden – je nach Dicke des Handgelenks.

PROFI-TIPP: Das ganze Maßband direkt abrollen oder das Ende festkleben, damit sich das Maßband nicht ständig wieder einrollt.

3. Die Enden abrunden und scharfe Ecken abschmirgeln. Sonst kann man sich leicht daran schneiden.

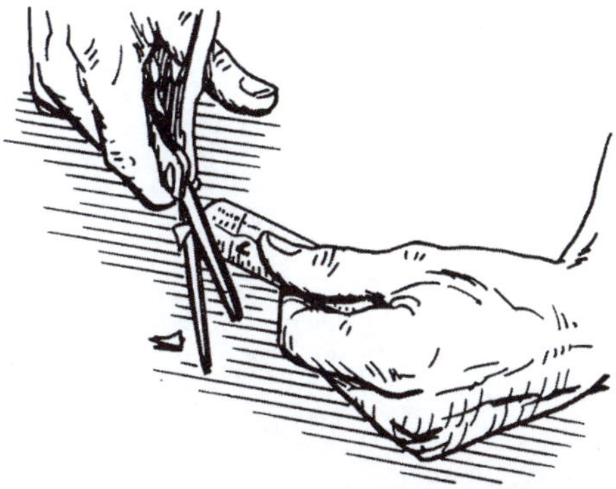

4. Als Nächstes das Maßband glätten. Den Schraubenzieher mit dem Griff in den Schraubstock spannen.

5. Das zugeschnittene Maßband-Stück um den Schraubenzieher drehen, sodass es weniger gebogen ist.

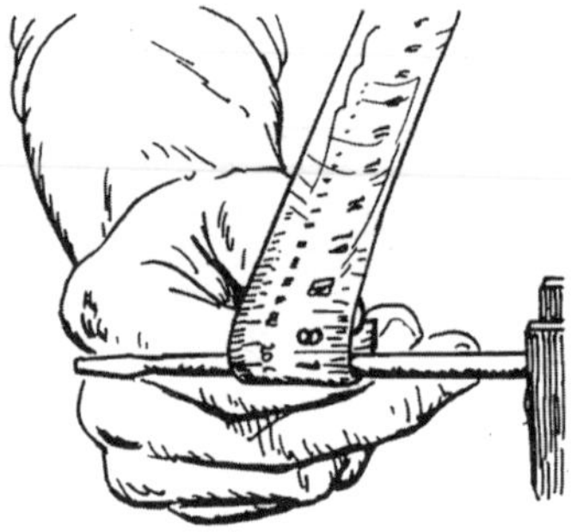

6. Um die Verletzungsgefahr zu minimieren, buntes Isolierband um das Metallmaßband wickeln.

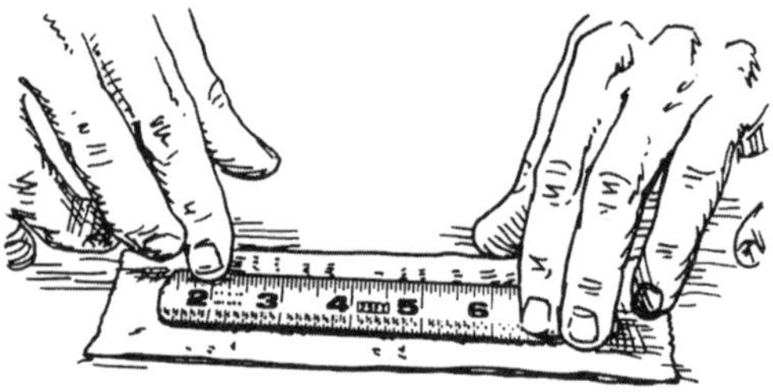

7. Dazu zwei Stücke zuschneiden und um das Maßband wickeln. Überstehendes Isolierband abschneiden.

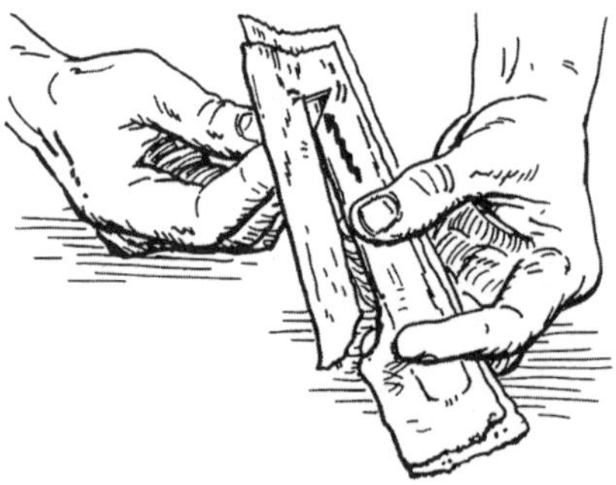

8. Ganz nach Belieben dekorieren. Alle Farben und Muster sind möglich, um ein individuelles Klackband zu basteln.

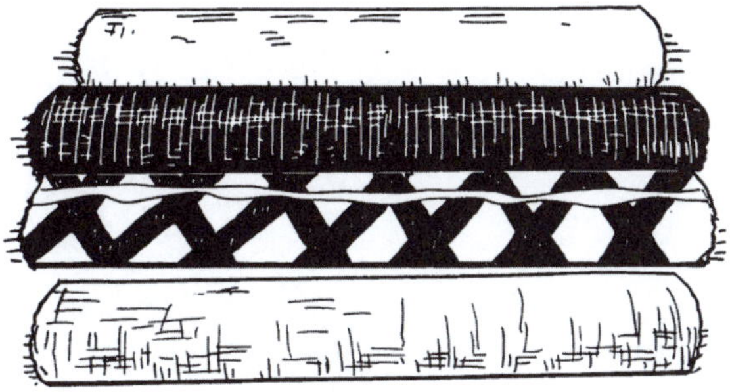

NEBENBEI BEMERKT: Wenn wir ein Klack-*Armband* herstellen können, glaubst du nicht auch, dass wir auch einen Klack-Gürtel machen könnten? Ein Klack-Stirnband? Oder irgendein anderes Zubehör, das aus dem Band hergestellt wird? Werde kreativ!

FUN FACT: Klackbänder wurden 1983 von einem Hochschullehrer erfunden. Ironischerweise wurden sie bei Schülern und Studenten schnell beliebt, sodass einige Schulen sich entschlossen, sie zu verbieten, da sie während des Unterrichts zu stark ablenkten.

Diesen kleinen Langbogen mitsamt passender Pfeile kannst du **in Windeseile bauen** und zwar mit Gegenständen, die du sowieso im Haus hast.

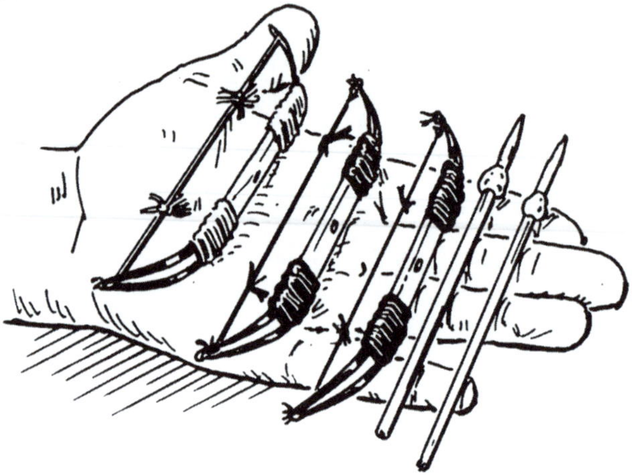

MINI-LANGBOGEN

25

SICHERHEIT

+ Heißklebepistole + scharfes Messer

SCHWIERIGKEIT

DAUER

10–20 Minuten

MATERIAL

+ Bambusstäbchen
+ Metall-Haarclips
+ Mini-Eisstiele
+ Stickgarn
+ Heißklebepistole
+ Schere oder scharfes Messer

LOS GEHT'S

VORBEREITUNG

1. In die Mitte eines Eisstiels ein Loch vom Durchmesser des Bambusstäbchen stechen: Dazu die Spitze eines Messers aufsetzen und diese auf der Stelle drehen. Alternativ kannst du das Loch auch mit einem 14-mm-Bohrer arbeiten.

2. Von zwei Haarclips den Mittelteil entfernen. Dazu den Haarclip öffnen und auf der Rückseite das Mittelstück mit dem Finger nach hinten drücken und herausbrechen. Mit beiden Haarclips so verfahren.

ZUSAMMENSETZEN

1. Mit der Heißklebepistole die beiden breiten Enden des Haarclips auf die Enden des Eisstiels kleben (siehe Abbildung).

PROFI-TIPP: Den Eisstiel auf eine flache Oberfläche legen, (dabei sollte die Unterseite der Haarclips oben liegen) und den Kleber trocknen lassen. Etwa 20–30 Sekunden warten, bis der Kleber fest ist.

2. Die neuen Verbindungsstellen (mit den Haarclips) mit Stickgarn umwickeln. Die Verstärkungen auf beiden Seiten arbeiten.

3. Einen Tropfen Heißkleber auf die Rückseite jedes Eisstiels geben (auf die andere Seite der Stelle, an der der Haarclip aufgeklebt wurde). Das ist der Befestigungspunkt für das Stickgarn. Den Faden fünf- bis sechsmal über die breite Stelle des Haarclips wickeln.

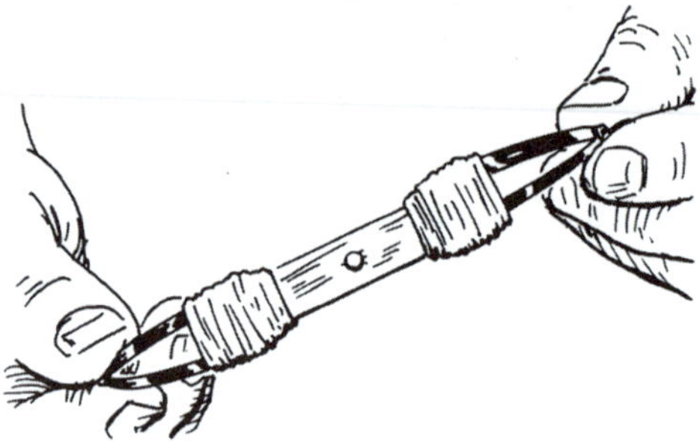

4. Anschließend von der Stelle, an der der Haarclip aufgeklebt wurde, Richtung Spitze wickeln, bis die Verbindungsstelle vollständig umwickelt ist.

5. Auf der Rückseite einen Tropfen Heißkleber geben und das Fadenende damit verkleben.

PROFI-TIPP: Wenn du den Finger anfeuchtest und auf den Tropfen Kleber drückst, verbrennst du dir nicht den Finger und fixierst gleichzeitig den Faden noch etwas stärker.

DIE BOGENSEHNE FERTIGEN

1. Von dem Stickgarn noch ein Stück Faden abschneiden, das etwas länger als das Bambusstäbchen ist. Den Faden zuerst durch die Mitten der beiden Haarclips führen und dann durch die Öse an einem Ende des Haarclips fädeln.

2. Das Fadenende verknoten. Auf den Knoten etwas Heißkleber auftragen, damit der Faden fest fixiert ist. Ein zweites Mal verknoten, bevor der Heißkleber getrocknet ist.

3. Bevor der Faden auf der anderen Seite an der Öse des zweiten Haarclips verknotet wird, den Faden straff ziehen und verdrehen. So wird er etwas widerstandsfähiger.

4. Den straff gezogenen Faden durch die Öse des zweiten Haarclips fädeln. Den Bogen auf eine flache Oberfläche legen, um den Faden straff zu ziehen und dann zu verknoten. Den Knoten mit Heißkleber fixieren und einen zweiten Knoten machen.

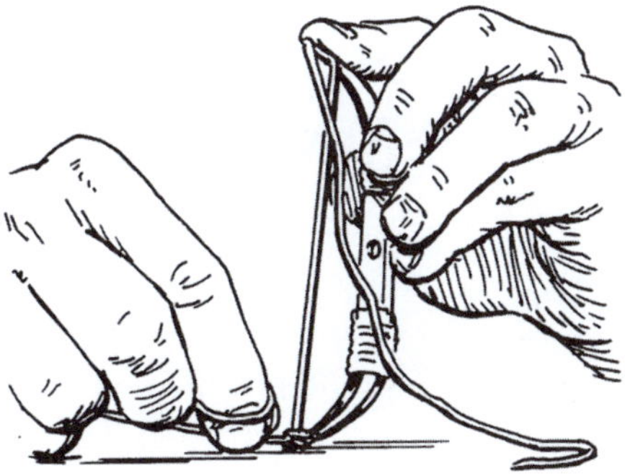

5. Überstehende Fadenenden abschneiden und die Fäden als Schalldämpfer auf der Bogensehne verwenden.

SCHALLDÄMPFENDE QUASTEN (OPTIONAL)

1. Die abgeschnittenen Fäden etwa 2,5 cm von jedem Ende mit einem Doppelknoten an der Sehne befestigen.

2. Die Enden auf etwa 1 cm kürzen und auseinanderzupfen.

DIE PFEILE HERSTELLEN

1. Die geradesten Bambusstäbchen heraussuchen und am Bogen abmessen: Die Pfeile sollten genauso lang sein wie der Bogen. Lange Stäbchen entsprechend kürzen.

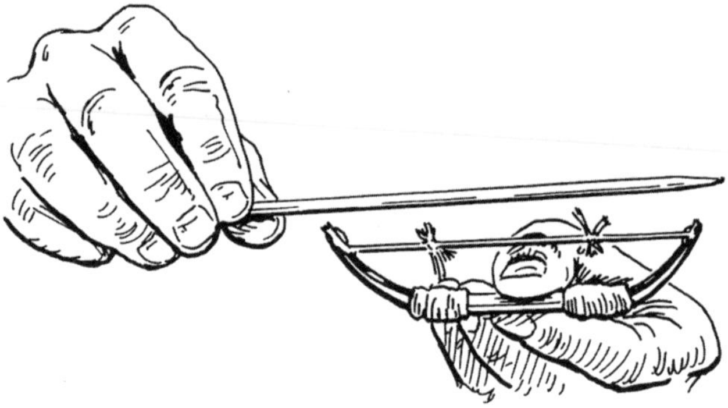

2. Damit die Pfeile sich besser in die Bogensehne einspannen lassen, an der Unterseite des Stäbchens mit der Schere oder einem scharfen Messer eine kleine Kerbe einritzen.

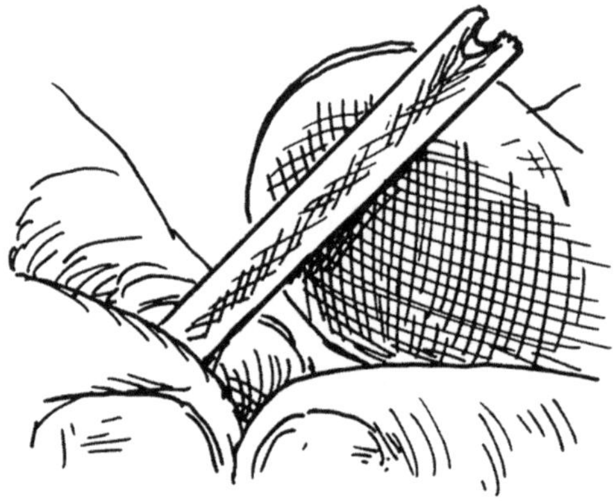

3. Etwa 2,5 cm unterhalb der Pfeilspitze einen Tropfen Klebstoff auftragen, damit die Pfeile besser durch die Luft fliegen. Die Heißklebepistole einmal rund um das Stäbchen führen, damit der Kleber in einem Kreis gleichmäßig um den Pfeil verteilt ist.

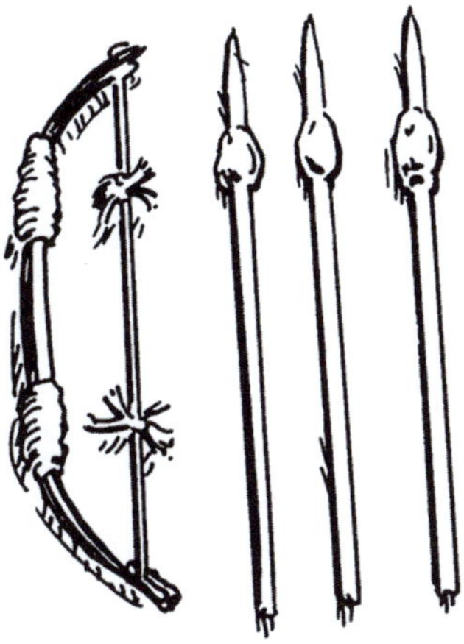

SCHUSS!

Pfeil und Bogen sind fertig und du kannst die Pfeile auf nahe Ziele richten. Wir haben versucht, auf Toastscheiben zu zielen, die wir vorher aufgestellt haben. Es hat prima geklappt. Viel Spaß damit!

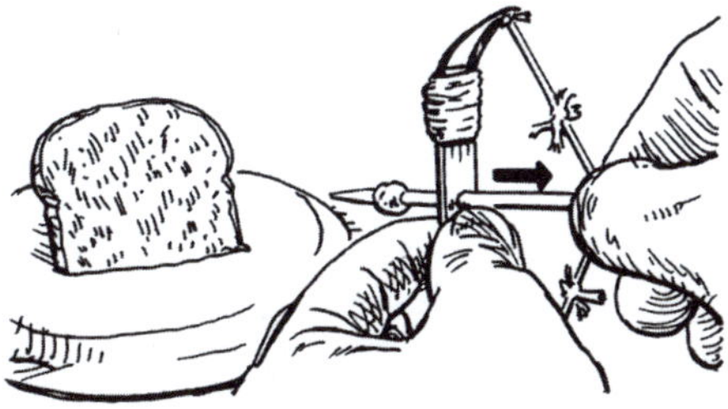

FUN FACT: Ursprünglich auch als „Kriegs-Bogen" bezeichnet, wurde diese Waffe bereits in prähistorischer Zeit benutzt (natürlich nicht im Miniatur-Format). In England wurde sie immer bekannter und war im Mittelalter eine beliebte Kampfwaffe.

TEIL 2

MITTELSCHWERE PROJEKTE

Nutze die Technik einer Armbrust und kreiere daraus ein kompaktes, schlagkräftiges Mini-Modell, das selbst in der Hosentasche Platz hat. Rüste es noch etwas auf und schon kannst du deine Mini-Armbrust mit einem individuell gefertigten Leder-Bandelier ergänzen!

SCHASCHLIK-ARMBRUST

26

SICHERHEIT

+ Benutze den Kontaktkleber nur in einer gut belüfteten Umgebung. Er kann sonst Atemprobleme verursachen und Augen und Haut irritieren. + Ziele niemals auf Personen, Tiere oder Nachbargrundstücke.

SCHWIERIGKEIT

DAUER

1 Stunde

MATERIAL

+ Packung Einweg-Kugelschreiber
+ Breite Gummibänder
+ Lederriemen
+ Tütchen mit breiten Druckverschlüssen
+ Bambusstäbchen
+ 12 (1x1) LEGO-Klicköffnungen (s. Abbildung S. 136)
+ 3 flache LEGO-Steine (8 Noppen, halbe Höhe)
+ Kontaktkleber
+ Schleifpapier
+ Zange

LOS GEHT'S

AUFBAU

1. Von einem Einweg-Kugelschreiber die Kappe abnehmen und mit der Zange die Teile an der Spitze und am Ende entfernen. Mit ein wenig Klebstoff das Endstück wieder in das Ende des Kugelschreibers einsetzen. Einen winzigen Tropfen Sekundenkleber an der unteren Öffnung auftragen.

2. Ein breites Gummiband an die Spitze des Kugelschreibers halten und das Gummi zum Ende des Kugelschreibers spannen. Mit einem Filzstift die Stelle knapp unterhalb der Spitze markieren, an der das Gummiband angebracht werden soll.

DAS GUMMIBAND BEFESTIGEN

1. Das Gummiband auf die markierte Stelle am Stift legen, sodass die untere Schlaufe auf der wieder aufgesetzten Kappe liegt. Damit das Gummiband beim Befestigen auf dem Stift liegen bleibt, die beiden Seiten des Gummis über Kreuz legen und über das hintere Ende des Kugelschreibers ziehen. So bleibt das Gummi flach auf dem Stift liegen, während es festgeklebt wird.

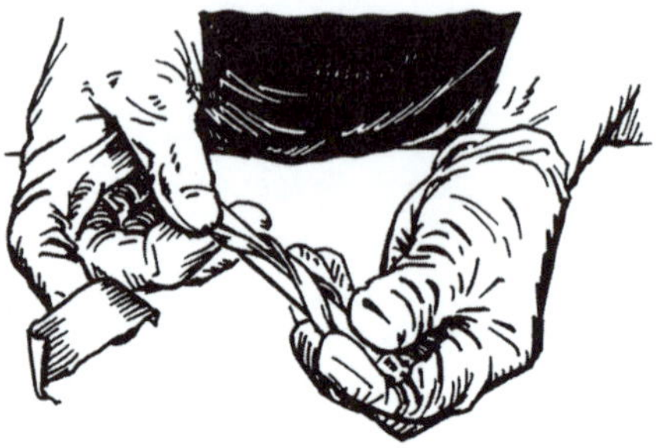

2. Ein Stück starkes Klebeband sehr fest um das Gummi und das Gehäuse des Kugelschreibers wickeln.

3. Für den Fingergriff noch etwas Klebeband bis zur Spitze des Kugelschreibers wickeln.

PROFI-TIPP: Du kannst jetzt die Teile des Kugelschreibers und des Gummibandes anmalen; so sieht das Gerät noch schnittiger und professioneller aus.

DAS BAMBUSSTÄBCHEN BEARBEITEN UND ABSCHIEẞEN

1. Die Stäbchen fliegen am besten, wenn sie zusätzlich beschwert werden. Deshalb die Spitze mit Klebeband umwickeln.

2. Zum Abschießen die Stäbchen so weit in den Lauf hineinschieben, dass das Ende gegen das Gummiband drückt. Nach hinten ziehen und der Pfeil schießt heraus! Und fliegt bis zu 20 Meter weit.

DAS LEDER-BANDELIER FERTIGEN

Wenn du deine Schießkünste perfektionieren möchtest, bastelst du noch eine Armbinde, die deine Reservepfeile hält. Du kannst dann nacheinander deine Pfeile abfeuern, ohne sie erst wieder aufzusammeln.

1. Einen Lederstreifen um den Arm wickeln und die Stelle markieren, an dem die Binde gut am Arm sitzt. Etwa 3,5–4 cm zugeben und hier die Binde abschneiden.

2. An jedes Ende des Lederstreifens ein Loch für den Druckverschluss bohren.

PROFI-TIPP: Leg einen Holzklotz unter das Leder, um den Tisch beim Bohren nicht zu beschädigen.

3. Mit dem Werkzeug, das der Verschlusspackung beiliegt, lassen sich die Metallverschlüsse problemlos im Leder befestigen. Wenn beide Seiten zusammengesteckt sind, sollte die Armbinde perfekt sitzen.

DIE PFEILE BEFESTIGEN

1. Mit einem Tropfen Klebstoff die 12 Lego-Klicköffnungen, in denen die Pfeile später eingeklickt werden, immer links und rechts außen auf die flachen LEGO-Steine kleben. Die Öffnungen etwas zusammendrücken, damit die Stäbchen nicht so leicht herausgleiten.

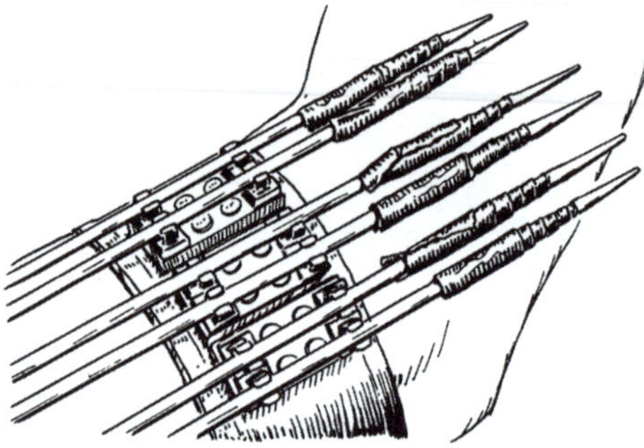

2. Auf der Binde die Stelle markieren, an der die LEGO-Steine aufgeklebt werden sollen. Diesen Punkt mit Schleifpapier bearbeiten, damit der Kleber auch gut hält.

3. Eine dünne Schicht Kontaktkleber auf das Leder und die Unterseite der flachen LEGO-Steine verteilen. Wenn der Kleber sich nicht mehr „klebrig" anfühlt, die Steine auf das Leder drücken, sodass beides zusammenklebt. Die Pfeile einklicken und es kann losgehen!

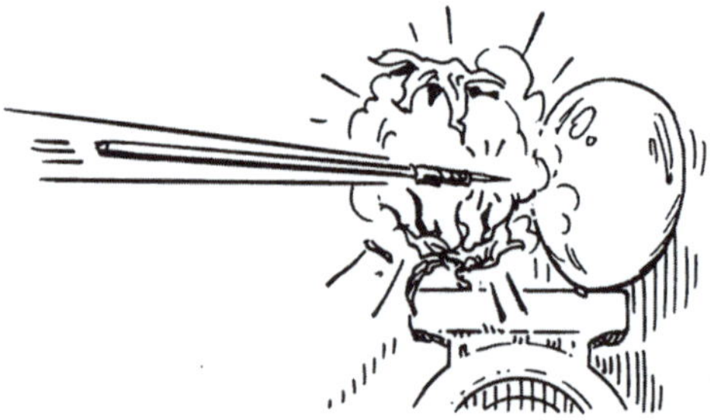

Der kleine Pfeilwerfer ist ziemlich günstig und kostet nur ein paar Euro. Und auch die coole Armbinde für die Pfeile ist nicht viel teurer. Die Holzpfeile bringen Luftballons zum Platzen und können bis zu 20 Meter weit fliegen. Sie können Dinge durchbohren, die sonst nur von Metallspitzen getroffen werden.

FUN FACT: Bambus gibt 30 Prozent mehr Sauerstoff in die Atmosphäre ab und nimmt mehr Kohlenstoffdioxid auf als jede andere Pflanze.

Nutze Haushaltsutensilien für diese Mikro-Armbrust, die du mit verschiedener Munition bestücken kannst. Sie feuert explodierende Armbrust-Blitze ab und schleudert Streichhölzer **zehn Meter weit!**

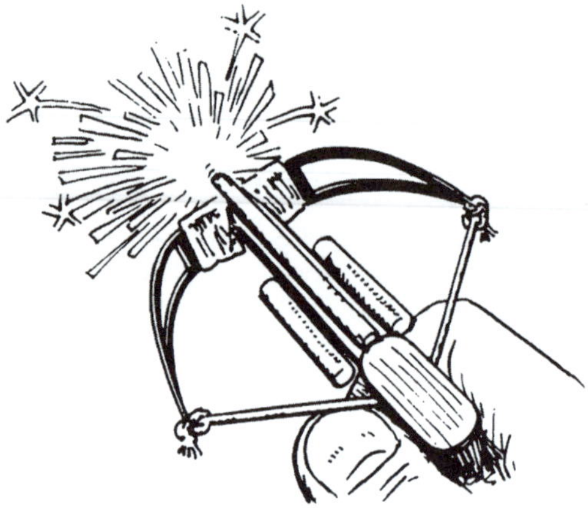

MIKRO-ARMBRUST

27

SICHERHEIT

+ Nur im Freien verwenden + möglichst nur unter Aufsicht eines Erwachsenen

SCHWIERIGKEIT

DAUER

1 Stunde

MATERIAL

+ Eisstiele
+ Schere oder Gartenschere
+ 2 Metall-Haarclips
+ Stickgarn
+ Heißklebepistole
+ Permanentmarker

Optional:

+ Streichhölzer
+ Pop-Its (neuartige Knallfrösche (siehe auch Projekt 04)
+ Isolierband

LOS GEHT'S

MIKRO-BOGEN

1. Mithilfe der Vorlagen unten werden die Eisstiele markiert und entsprechend zugeschnitten.

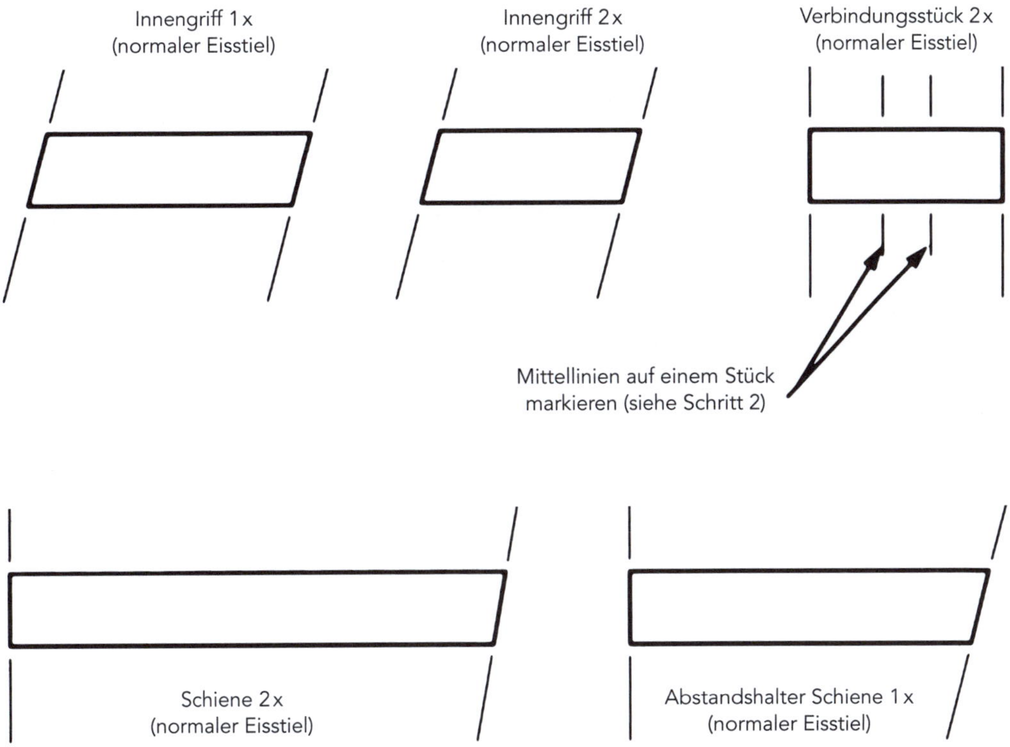

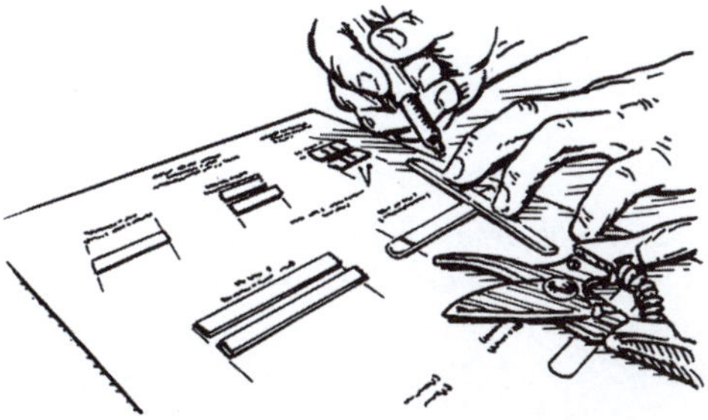

2. Alle Stiele mit dem Permanentmarker schwarz anmalen.

> **PROFI-TIPP:** Mit einem schwarzen Permanentmarker ist das Ausmalen im Handumdrehen erledigt.

3. Von den beiden Metall-Haarclips das Mittelteil sauber herausbrechen. Die Clips mit etwas Heißkleber links und rechts auf das kleinste Verbindungsstück kleben (zugeschnittene Eisstiele). Fest werden lassen. Die Clips mit dem Verbindungsstück dazwischen sollten dann einen flachen Bogen bilden.

4. Auf die Unterseite etwas Heißkleber auftragen und das zweite Verbindungsstück auf das erste setzen. Sobald der Kleber getrocknet ist, überschüssigen Kleber mit einem Universalmesser entfernen.

DEN HANDGRIFF BAUEN

1. Mit Heißkleber eine Schiene an den inneren Abstandshalter setzen, sodass sie mit der Spitze bündig abschließen.

> **PROFI-TIPP:** Die innere Schiene sitzt etwas tiefer und bildet eine kleine Rille (etwa eine Streichholzdicke tief). Nach dem Zusammenkleben überschüssigen Kleber möglichst direkt entfernen, damit der Flugkanal sauber bleibt.

2. Die Griffstütze rechts hinter den Abstandshalter setzen und dann die letzte Schiene oben aufkleben.

GUT ZU WISSEN: Lass in der Mitte des Flugkanals ein Streichholz liegen (mittig zu den Außenschienen). So wird der Kleber fest und es bleibt genug Abstand.

3. Zum Schluss die Handstücke festkleben. Dabei sollten sie etwas nach hinten überstehen.

DEN AUFSATZ ANBRINGEN

1. Auf der Oberseite des Griffs muss eine kleine Vertiefung für die Bogensehne gearbeitet werden: Dazu eine kleine Kerbe in die Oberseite der Schienen schnitzen, und zwar genau über der Vorderkante des Handgriffs.

PROFI-TIPP: Die oberen Kanten des Flugkanals mit Schleifpapier glätten, damit die Bogensehne nicht ausfranst und womöglich reißt. Mach dir keine Gedanken, dass die Stelle nochmals übermalt werden muss. Mit dem Marker ist das kein Thema und die Oberseite sieht sofort wieder aus wie neu.

2. Um den Handgriff an den Bogen anzusetzen, einen Punkt Heißkleber innen auf den Bogen geben und die Spitze der Mittelsäule auf das Holz am Bogen drücken. Dabei sollte die Innenschiene mit der Kante des Bodens bündig abschließen.

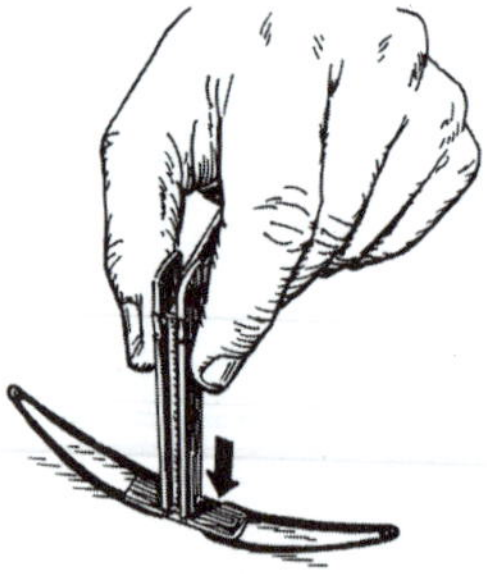

3. Für mehr Stabilität auf jede Seite der Schienen zusätzlich etwas Kleber auftragen. Einige Minuten erkalten und fest werden lassen.

DIE BOGENSEHNE SPANNEN

1. Die Bogensehne besteht aus Stickgarn. Das Garn durch die runden Öffnungen an den Spitzen der Haarklemmen fädeln und jedes Ende doppelt verknoten. Eventuell noch etwas Kleber auf die Knoten geben, damit sie sich nicht lösen.

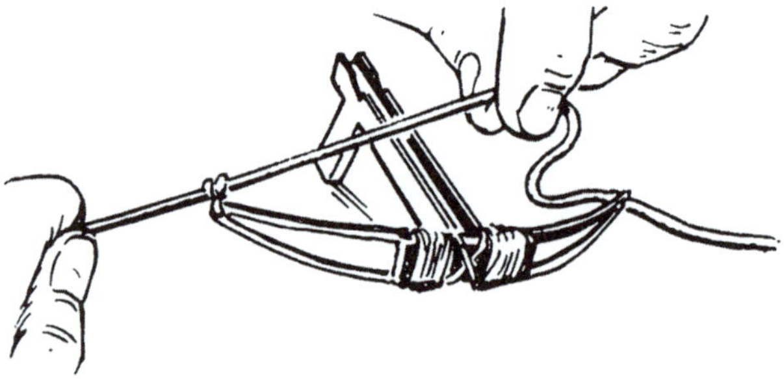

GUT ZU WISSEN: Stickgarn gibt es im Handarbeitsgeschäft, aber auch im gut sortierten Bastelladen.

PROFI-TIPP: Die Bogensehne vor dem Befestigen noch einmal verdrehen. Dann bleibt sie straffer gespannt. So bleibt die Spannung auf dem Faden und das Zuggewicht auf dem Bogen erhöht sich.

2. Den Bogen eventuell noch etwas verstärken. Dazu die Verbindungsstelle zwischen Haarklemmen und Griff mit Garn umwickeln. Das Fadenende hinten am Bogen festkleben und den Träger etwa zehnmal an jeder Seite links und rechts von der Mittelsäule umwickeln.

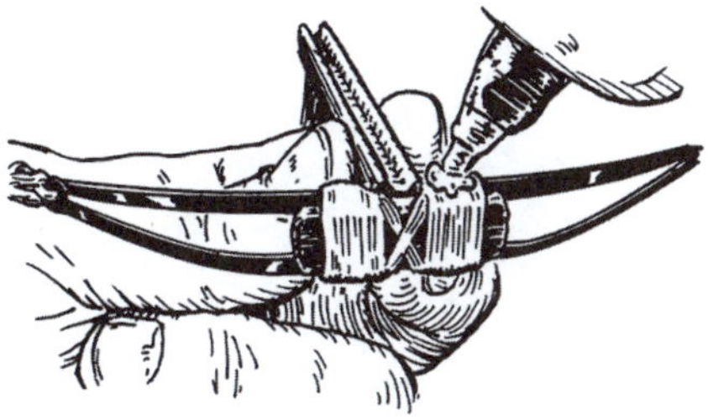

3. Zum Schluss diesen Knoten ebenfalls festkleben und überhängende Fäden abschneiden.

VERSUCH AUCH: Du kannst mit dem Garn zusätzlich den Griff umwickeln und ihn dadurch dekorativ gestalten.

FERTIG! NUN WIRD GEFEUERT!

1. Zum Spannen die Bogensehne in die geschnitzte Kerbe zurückziehen.

2. Ein Streichholz in die Rille legen und mit dem Daumennagel die Sehne leicht von unten hochdrücken.

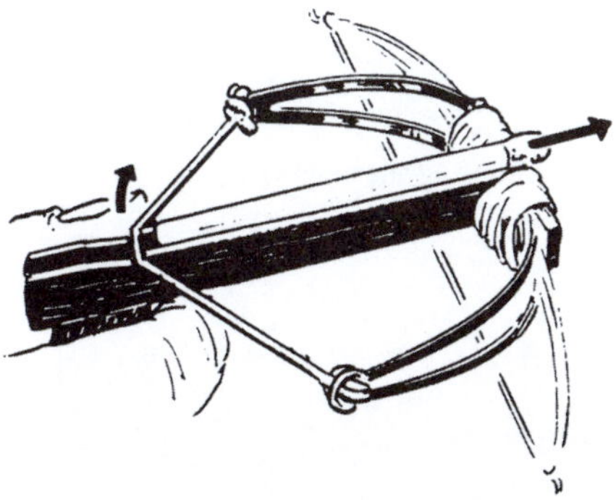

3. Die Sehne wird in die Unterseite des Streichholzes zurückschnappen, wodurch das Streichholz mit unglaublicher Geschwindigkeit bis zu 10 Meter weit fliegt!

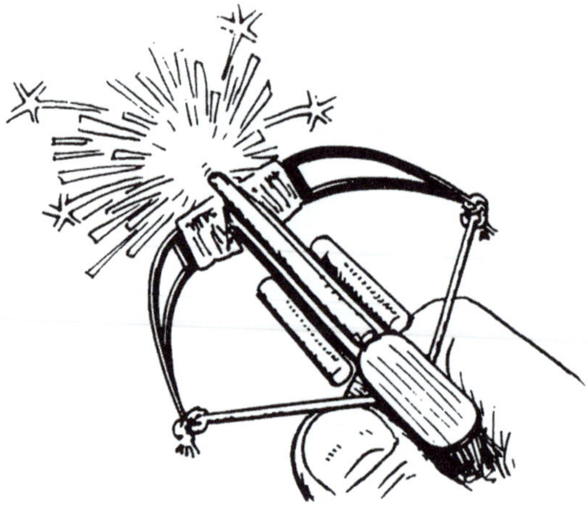

NOCH PERFEKTER? Du kannst Wirksamkeit und Genauigkeit verbessern, wenn du mit einem kleinen Holzstück an der Rückseite eine Haltefeder anbringst.

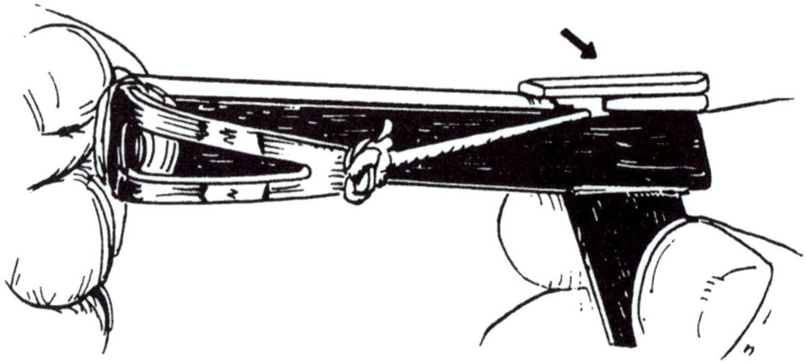

IDEEN ZUM AUSPROBIEREN

SEITLICH MONTIERTE KÖCHER: Zwei kleine Stücke von einem Strohhalm abschneiden, jeweils ein Ende mit Heißkleber verschließen und die Stücke schräg links und rechts vom Schaft befestigen.

EXPLOSIVE BOLZENKÖPFE: Fliegende Streichhölzer sind schon cool, aber was passiert, wenn sie beim Aufprall explodieren? Befestige ein einzelnes Pop-It mit Isolierband an der Spitze eines Streichholzes. Jetzt treffen sie mit lautem Knall auf ein festes Ziel.

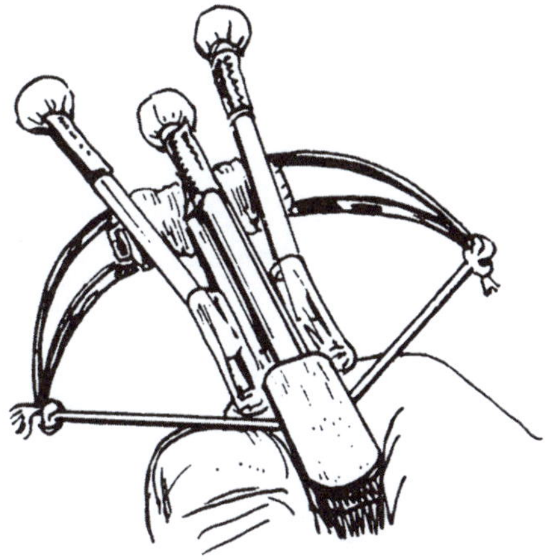

ZIELE: Bau dir ein eigenes Ziel, um deine Schussgenauigkeit zu trainieren. Du kannst aus einem Karton und aufgeklebten Bildern oder mit einem anderen beliebigen Motiv eine Zielscheibe basteln.

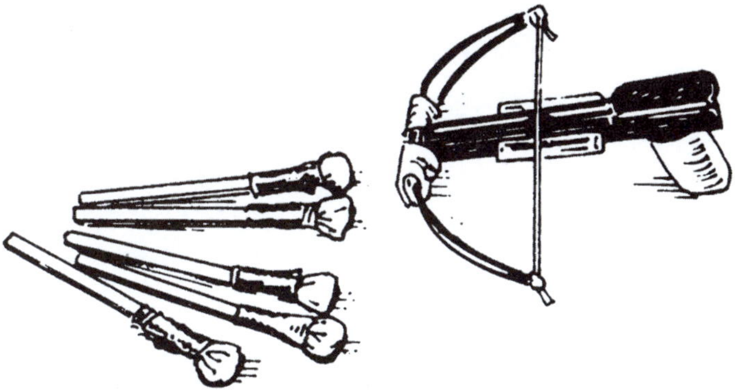

SEI INNOVATIV! Egal, ob du am einfachen Bogenschießen festhältst oder mit Sprengsätzen arbeitest – diese vielseitige Waffe lässt sich für ganz viele Dinge einsetzen.

FUN FACT: Armbrüste mögen zwar als edle Waffe gelten, doch im Mittelalter wurde die Waffe derart geringschätzt, dass man Schützen den doppelten Sold zahlte, wenn sie sie benutzten.

Absolut simpel, aber so schlagkräftig, dass sogar Glas zu Bruch geht und Pfeile sich in Beton bohren! In diesem Projekt bauen wir ein lasergesteuertes Blasrohr, das nicht nur cool aussieht, sondern auch deine Tüfteleien in eine ganz neue Dimension katapultiert.

LASERGESTÜTZTES BLASROHR

28

SICHERHEIT

+ Nur unter Aufsicht von Erwachsenen + Offene Flamme + Scharfe Projektile + Schutzbrille + Gefahr: Besorgte Nachbarn warnen + Rechtslage klären! + Niemals auf Menschen,Tiere und den Besitz anderer richten!

SCHWIERIGKEIT

DAUER

30 Minuten

MATERIAL

+ Kunststoffrohr, ø 1,25 cm (Nennweite 40), 60 cm lang
+ Buchsen-Reduzieradapter (Nennweite 40, 1,25 cm x 2 cm)
+ Kabelbinder
+ Laserpointer
+ Klebezettel, 5 cm x 5 cm
+ Papier-Partyhütchen
+ Klebeband
+ Heißklebepistole
+ Klebeknete
+ Filzstift

Optional:

+ Drahtnägel, ø 1,3 mm und 1 mm
+ Klebeband
+ Isolierband
+ Rohrisolierung, geschäumt, 1,25 cm breit

LOS GEHT'S

DIE PFEILE HERSTELLEN

1. Die Klebezettel um die Spitze eines Partyhuts wickeln, sodass ein spitzer Kegel entsteht. Diesen mit Klebeband fixieren. Das wird deine Pfeilspitze.

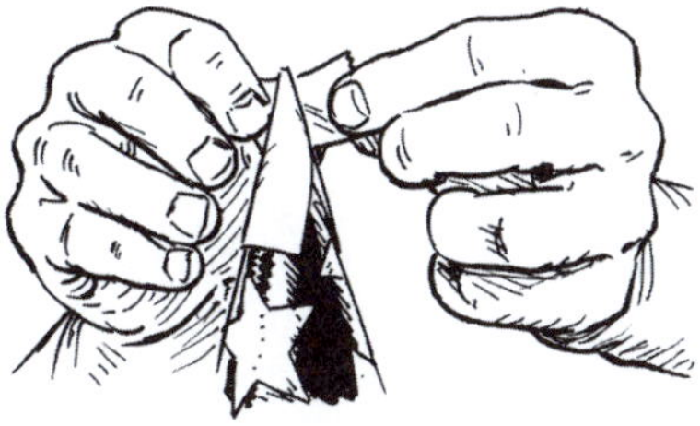

GUT ZU WISSEN: Verwende möglichst zwei kurze Klebebandstreifen von 2,5 cm Länge und achte darauf, dass du die Papierspitze nicht am Hut festklebst.

2. Die Pfeilspitze in die 1,25 cm breite Öffnung des Kunststoffrohrs stecken und ein wenig hin- und herdrehen. Durch den Druck zeichnet sich auf der Spitze außen eine kleine Einkerbung ab. Sie markiert die Stelle, an der die Pfeilspitze abgeschnitten werden muss, um genau durch das Rohr zu passen. Mit der Schere entlang dieser Linie den Pfeil sauber abschneiden.

3. Damit die Pfeilspitzen auch wirklich gerade fliegen, müssen die Spitzen innen beschwert werden. Entweder den Kegel innen zu einem Drittel mit Heißkleber füllen oder mit dem Schraubenzieher etwas Klebeknete in die Spitze drücken.

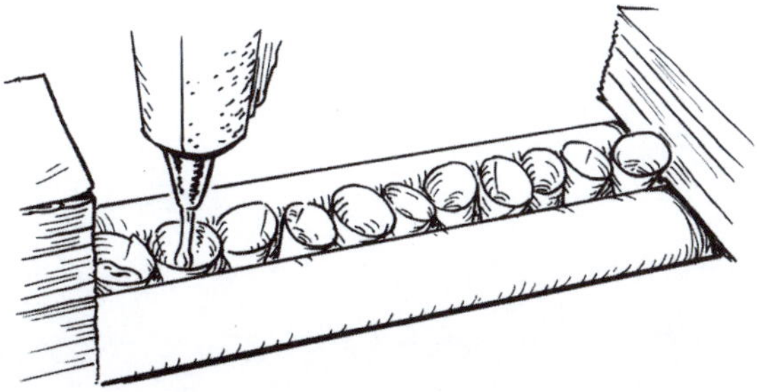

4. Anschließend eine Reihe von Minipfeilspitzen fertigen, die genau in das Rohr passen und beeindruckend gerade fliegen.

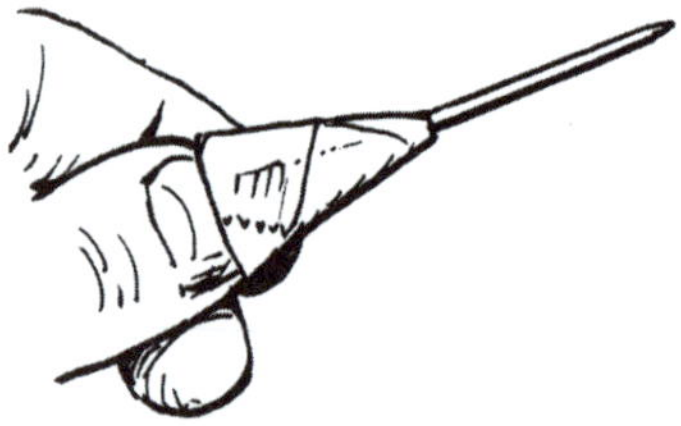

PROFI-TIPP: Du kannst das Ganze noch verfeinern und deine Pfeile in Hochgeschwindigkeits-Nagelpfeile verwandeln. Einfach einen Nagel durch den Kegel drücken, bis der Nagelkopf innen dagegen stößt. Einen Tropfen Heißkleber in den Kegel tropfen, um dann den Nagel festzukleben.

GUT ZU WISSEN: Experimentiere einfach mit verschiedenen Köpfen, Gewichten und Längen. Probier es mit 1,3 mm und 1 mm dicken Drahtnägeln, denn diese sind leicht und haben einen schönen flachen Kopf. Kleinere Pfeile lassen sich besser schießen und fliegen schneller, während schwerere Pfeile langsamer sind, dafür aber tiefer ins Ziel eindringen und einen größeren Schaden anrichten.

DAS BLASROHR ZUSAMMENBAUEN

1. Den Reduzieradapter mit dem 1,25 cm breiten Kunststoffrohr verbinden. Dazu vorsichtig hineinschlagen. Daraus wird dann ein supereinfaches Blasrohr, das sofort funktionstüchtig ist!

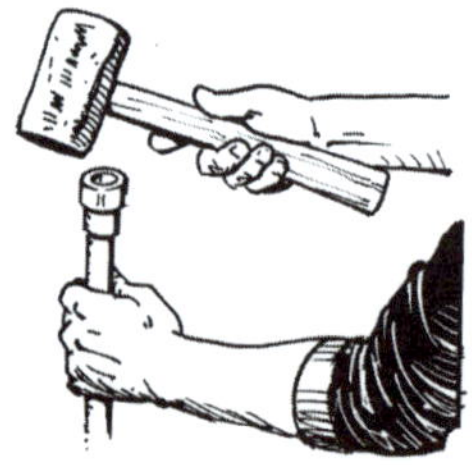

DAS BLASROHR MIT FARBE UND LASER AUFRÜSTEN

1. Eine Rolle Klebeband mit einem Muster nach Wahl abmessen und einen Streifen mit der Klebeseite nach oben auf den Tisch legen.

2. Das Blasrohr der Länge nach in die Mitte des Klebestreifens legen und leicht vor- und zurückrollen, sodass das Klebeband sich von selbst um das Rohr wickelt. Mit einem zweiten Klebebandstreifen die andere Seite abkleben, um mögliche Lücken zu schließen.

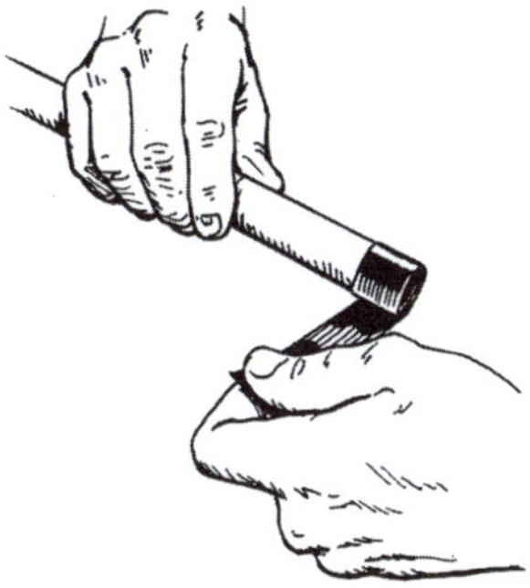

PROFI-TIPP: Die Rohrspitze mit Isolierband abkleben, um raue Kanten abzudecken. So sieht das Blasrohr sauber gearbeitet aus.

NOCH EINEN SCHRITT WEITER: Noch perfekter wird das Rohr mit einem Laserlicht! Einen billigen Laserpointer aus dem Ein-Euro-Laden etwa 22 cm vom Rohrende mit Heißkleber befestigen und mit zwei Kabelbindern fixieren.

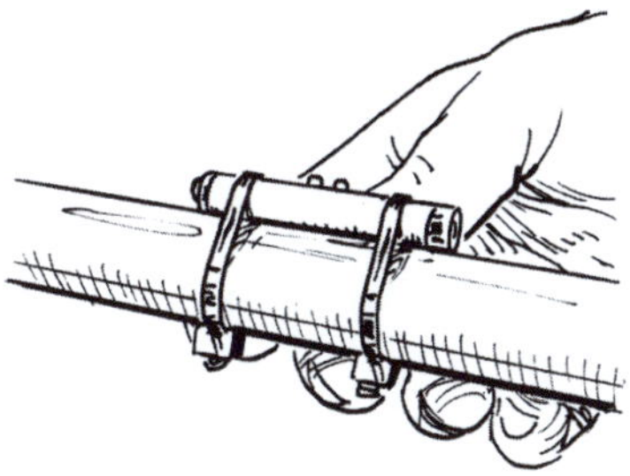

ABSOLUT PERFEKT

Jetzt hast du bereits ein maßgeschneidertes Blasrohr mit Laser, ein Arsenal an Pfeilen und jetzt musst du nur noch das Zielen üben. Aber warum machst du dir das Ganze nicht mit einem verstellbaren Zielfernrohr und einem Köcher noch einfacher?

1. Schneide ein 7,5 cm langes Kunststoffrohr zu und kauf einen noch kräftigeren Laser.

GUT ZU WISSEN: Gibt's sogar beim Tierbedarf und im örtlichen Supermarkt.

2. In die Mitte des zugeschnittenen Rohrs oben ein Loch schneiden. Der Laser kommt in das Rohr. Der Lichtschalter passt genau in die Öffnung und kann problemlos bedient werden. Den Laser mit vier kleinen Schrauben an den Enden befestigen. Mit Kabelbinder am Blasrohr befestigen.

PROFI-TIPP: Das Zielfernrohr lässt sich genau einstellen, wenn du das Blasrohr in einen Schraubstock spannst, einmal probeweise schießt und dann die Schrauben am Gehäuse so einstellst, dass der Laserpointer genau die richtige Stelle auf der Dartscheibe trifft.

3. Für den Köcher zwei 2 cm breite Ringe vom Ende der Rohrisolierung zuschneiden.

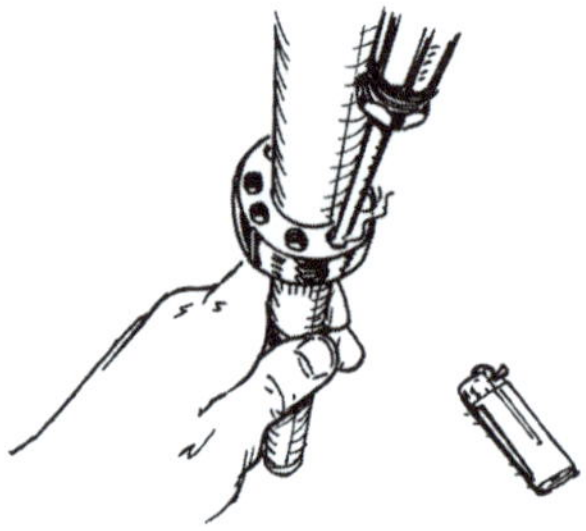

4. Die Außenseiten der beiden Schaumstoffringe mit Isolierband umwickeln und die Ober- und Unterseite mit schwarzem Permanentmarker ausmalen. So sieht der Köcher gleich viel professioneller aus.

5. Die Schaumstoffringe auf das Blasrohr schieben. Mit einem Feuerzeug die Spitzen eines Schraubenziehers 20 Sekunden erhitzen. Dann acht gleichmäßig verteilte Löcher in den Schaum drücken und die Pfeile hineinstecken.

Mit diesem Köcher sind die Pfeile gut verstaut und die Spitzen ragen unten nicht heraus.

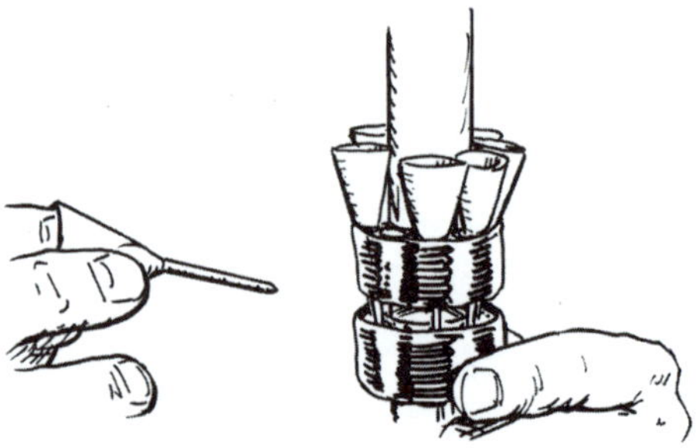

FERTIG! JETZT WIRD GEZIELT!

Diese einfachen Pfeile dringen in Dartscheiben, Holzpfosten, Baumstämme und sogar in Betonplatten! Mit etwas Übung kannst du selbst ein 25 Meter weit entferntes Ziel treffen.

Nicht ganz so gefährlich sind Marshmallows als Munition. Sie sind gewissermaßen perfekt!

WARNUNG:

Auch wenn die Pfeile aus gängigen Haushaltsutensilien gefertigt werden, so sollte man ihre Schlagkraft nicht unterschätzen. Deswegen NIEMALS auf Personen, Tiere oder fremde Grundstücke zielen.

VOM MÜLL INS MUNITIONISDEPOT: Dieses Projekt entstand durch ein zufällig gefundenes Kunststoffrohr im Müll. Ich habe mir vorgestellt, was man daraus alles machen könnte. Irgendwann entstand dann ein vielseitiges Pfeilgewehr, das mit hoher Geschwindigkeit Pfeile abschießt. Es gibt so viel Kram, der nur darauf wartet, in ein echt cooles Gerät verwandelt zu werden.

FUN FACT: Wenn du an das Spiel *Lasertag* denkst, dann fallen dir meist die Teenies ein, die mit ihren Laserpistolen herumrennen. Doch der Ursprung dieses Spiels hat einen viel ernsteren Hintergrund: Es wurde in den 1970er-Jahren für Soldaten der US Army entwickelt, die so auf nicht tödliche Weise den Kampfeinsatz trainierten.

Ob du nun einfach mit Feuer spielen möchtest oder in einer Überlebenssituation ein Lagerfeuer anzünden musst – mit diesem billigen und einfachen Werkzeug kannst du die ganze Kraft der Sonne nutzen und auf einen Punkt bündeln.

MINI-BRENNGLAS

29

SICHERHEIT

+ Feuer

SCHWIERIGKEIT

DAUER

30 Minuten

MATERIAL

+ 10 Farb-Rührhölzer
+ Fresnel-Linse (gibt es online zu kaufen)
+ Stück Pappe
+ Eisenwaren:
  - 0,4 x 1,25 cm Kreuzschlitzschrauben mit Muttern
  - 0,4 x 2 cm Kreuzschlitzschrauben mit Muttern
  - 0,4 x 3 cm Kreuzschlitzschrauben mit Muttern
  - 0,25 mm Unterlegscheiben
  - 0,4 mm Flügelmuttern
  - 0,4 x 4 cm Augenschrauben
+ Holzkleber
+ Bohrer
+ Aluminiumfolie
+ Säge
+ Zange

LOS GEHT'S

DEN RAHMEN BAUEN

1. Aus 8 Farb-Rührhölzern werden zwei Holzrahmen gebaut, zwischen die die Fresnel-Linse eingelegt wird. Bei jedem Rührholz die beiden Enden im 45-Grad-Winkel abschneiden. Die genaue Länge hängt von der Größe der Linse ab, aber wahrscheinlich wird sich ein Rechteck ergeben. Nachdem die Ecken der Rührholzer zugeschnitten sind, bleiben acht kleine Dreieckhölzer übrig. Diese werden später noch verwendet.

PROFI-TIPP: Wenn du kein Werkzeug zur Hand hast, um den 45-Grad-Winkel auszumessen, dann falte ein quadratisches Papier diagonal zusammen.

2. Aus den zugeschnittenen Rührhölzern zwei Holzrechtecke bauen und die schrägen Kanten mit dem Holzkleber fixieren. Dann die kleinen Dreiecke zur Verstärkung jeweils in alle Ecken der zwei Rahmen setzen.

3. Die Fresnel-Linse zwischen die beiden Rechtecke kleben und alles fest zusammendrücken.

4. Als Nächstes drei Löcher im gleichen Abstand durch jede Rahmenseite bohren. Von oben die 1,25 cm langen Schrauben in jedes Loch setzen und von unten mit der Mutter festschrauben.

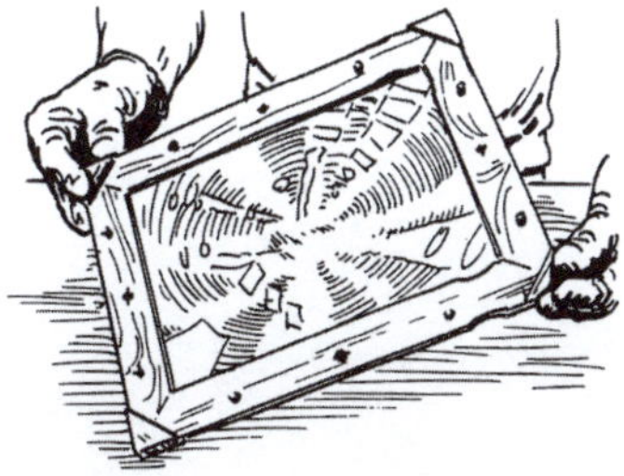

5. An der kurzen Seite 3 cm lange Schrauben in die mittleren Löcher einsetzen. Sie werden später als Sonnenfinder dienen und sollten deshalb ganz gerade eingeschraubt werden.

6. Zwei Augenschrauben in die mittleren Löcher der langen Rahmenseiten stecken und an der Rückseite (Seite mit der rauen Linsenoberfläche) festschrauben.

7. Ein Loch durch die breiten Enden von vier Rührhölzern bohren. Eine Schraube und eine Unterlegscheibe auf das Ende der Augenschraube setzen und ein weiteres Rührholz aufsetzen. Dann zwei weitere Unterlegscheiben und noch ein Rührholz hinzufügen. Mit einer Unterlegscheibe und einer Flügelschraube enden. Die andere Seite genauso arbeiten.

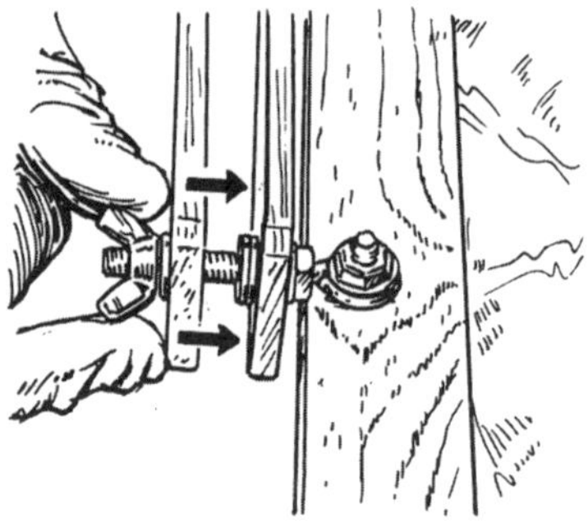

8. Nun hängen an jeder Seite zwei Holzstücke und diese müssen noch verbunden werden. Dazu die Entfernung zwischen den gegenüberstehenden Schenkeln messen. Vier entsprechend lange Hölzer zuschneiden und sie einander gegenüber aufkleben. So entstehen ein stabiler Ständer und eine Ablage.

9. Ein Stück Pappe zuschneiden, um die Linse abzudecken. Die Pappe mit Aluminiumfolie bekleben. Das geht am besten mit Sprühkleber.

DAS MINI-BRENNGLAS VERWENDEN

1. Das Brennglas mit ins Freie nehmen und eine sonnige Stelle suchen. Nun einen Gegenstand auswählen, der zum Brennen gebracht werden soll. Wie wäre es mit einem der restlichen Rührhölzer? Dieses unter die Linse halten und langsam zur Linse führen, bis der Brennpunkt gefunden ist. Das ist die Stelle, an der das Holz direkt Feuer fängt!

VERSUCH AUCH: Du kannst auch andere coole Experimente durchführen. Leg Farbpulver auf die mit Aluminiumfolie beklebte Pappe und hebe die Pappe langsam hoch, bis sich das Pulver entzündet. Versuch dasselbe auch mit Rauchpulver, Streichholzheftchen, Holzklötzen oder anderen kleinen Teilen. Dabei solltest du die kleinen Gegenstände niemals in der Hand halten.

Ob du nun kleine Knaller anzündest oder Streichhölzer verbrennst – du wirst überrascht sein von der Durchschlagkraft des kleinen, aber kraftvollen Brennglases.

FUN FACT: Photonen sind Partikel, die das Licht der Sonne zur Erde transportieren. Durch die Energie der Photonen können sich Gegenstände entzünden, wenn sie genau im Brennpunkt liegen und über 230 Grad erreichen.

Verwandle eine billige Mausefalle in eine witzige kleine Handwaffe, die Projektile mit Kraft, Genauigkeit und einem befriedigenden kleinen Rückstoß abfeuert!

MAUSEFALLEN-GEWEHR

30

SICHERHEIT

+ Schutzbrille

SCHWIERIGKEIT

DAUER

30 Minuten

MATERIAL

+ 2 Mausefallen (am besten TOMCAT Mausefallen)
+ Kantholz von 5 cm x 5 cm
+ 2 Kreuzschlitzschrauben
+ Spitzzange
+ Bohrer, ø 3 mm
+ Munition (Airsoft BBs)
+ Filzstift

LOS GEHT'S

DIE HANDWAFFE BAUEN

1. Das Kantholz von 5 cm x 5 cm auf die Höhe von vier Fingern zuschneiden. Das wird der Griff der Waffe.

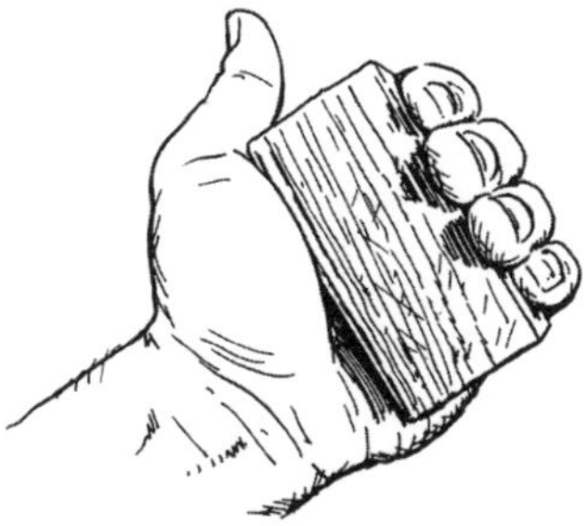

2. Den Plastikköder aus einer Mausefalle entfernen. Mit der Zange den Metallstift auf der Bodenplatte entfernen.

3. Die Falle auf das Kantholz (Griff) setzen und mit einem Filzstift zwei Punkte aufzeichnen, an denen die Löcher gebohrt werden, um die Falle am Griff zu befestigen (bei der TOMCAT-Falle sind Hinterbein und Vorderbein der aufgezeichneten Katze gute Punkte für die Löcher). Sobald die Stellen markiert sind, die Falle in den Schraubstock einspannen und mit dem Bohrer durch die Punkte Löcher bohren. Die Stelle für den Griff einzeichnen. Die Rückseite der Falle sollte etwa 60 mm am Griff überstehen. Knapp vor dem Griff einen dritten Punkt auf der Falle markieren. Das ist die Stelle für den Arretierstift des Auslösers.

4. Mit zwei Schrauben die Falle auf der Oberseite des Griffs befestigen. Dazu durch die in Schritt 3 gebohrten zwei Löcher schrauben.

5. Den Arretierstift kürzen. Für die passende Länge den Stift über die Feder legen und von oben schauend die Stelle markieren, an der er knapp hinter dem verbleibenden Loch endet. Mit der Zange die Länge zuschneiden und das Stiftende 45 Grad umbiegen.

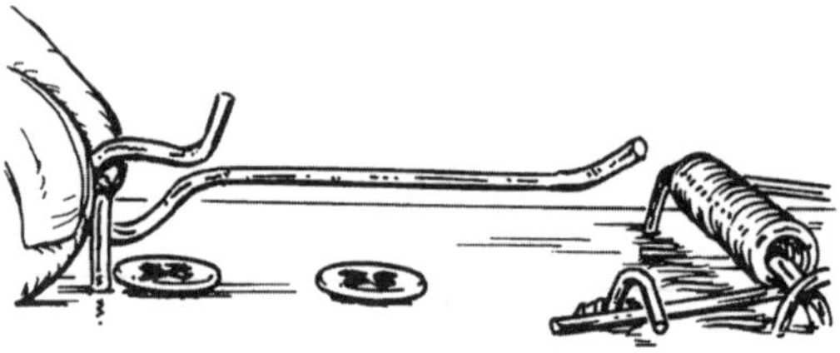

6. Den Arretierstift von der zweiten Mausefalle entfernen und diesen von unten durch das letzte Loch fädeln. Den Stift zuschneiden, sodass er mit der Feder bündig abschließt, und zu einem Haken umbiegen.

7. Den Plastikköder zur Abschussvorrichtung umfunktionieren. Dazu den Köder am Schlagbügel befestigen, wobei der Haken nach oben zeigt. Ganz nach rechts schieben, den Schlagbügel anheben und die Abschussvorrichtung (alias Plastikköder) nach innen drehen und flach auf die Bodenplatte legen.

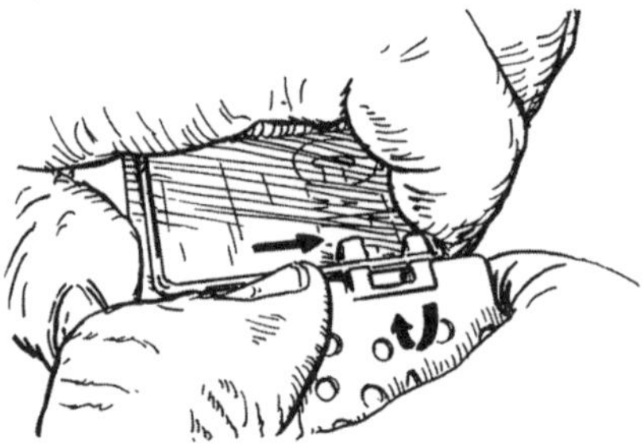

INDIVIDUELL GESTALTEN! Die Falle in der Lieblingsfarbe anmalen oder den Griff mit farbigem Klebeband gestalten.

UND FEUER!

1. Die Abschussvorrichtung wird genauso gespannt wie bei der Falle, nur diesmal wird der Auslöser von der Unterseite betätigt, sodass der Haken den Arretierstift festhält. Es sind drei Schritte, die ausgeführt werden: Der Bügel wird zurückgezogen, der Stift wird über den Bügel gespannt und mit dem Haken des Auslösers gesichert.

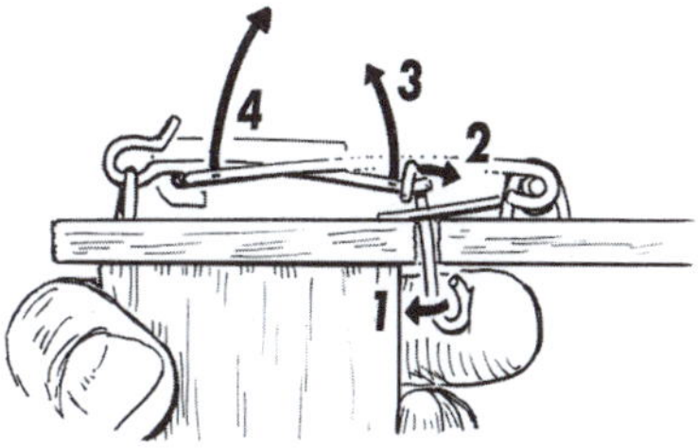

2. Die Munition auf die Abschussvorrichtung legen. Airsoft BBs passen genau in die runden Löcher, aber kleine Papierkügelchen funktionieren auch gut.

3. Den Auslöser leicht drücken, sodass der Stift aus dem Haken gleitet und die Startrampe mit dem Bügel nach vorn springt und die Munition abgefeuert wird.

PROFI-TIPP: Wenn du gerade sehr faaul bist, kannst du die Abschussvorrichtung mit dem Daumen nach hinten ziehen und einfach loslassen, wenn du bereit bist. Dies eröffnet dir die Option des Schnellfeuerns.

WARNUNG:

Beim Abfeuern solltest du immer darauf achten, dass die Waffe nicht auf dein Gesicht gerichtet ist. Der Arretierstift könnte zurückschnappen und dich verletzen.

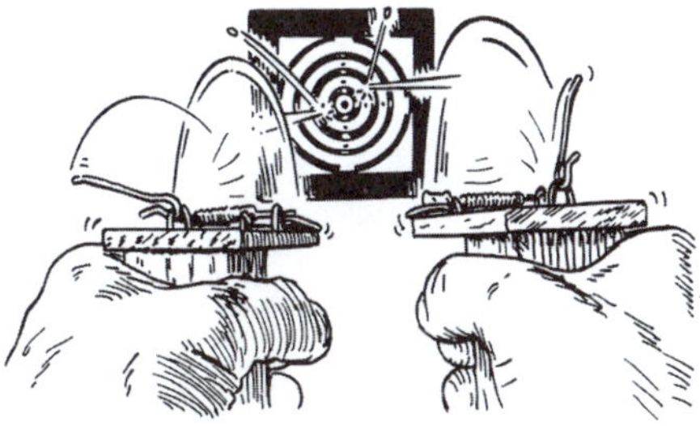

Du hast es geschafft! Du brauchst nur einige einfache Werkzeuge, zwei Schrauben und ein kleines Holzstück, um zwei normale Mausefallen in ein Hand-Katapult umzufunktionieren. So bleibt dein Haus zwar nicht nagerfrei, aber es ist eine günstige, einfache Art, um eine geballte Menge Spaß zu haben.

FUN FACT: Für Mausefallen sind allein in den USA bis dato mehr als 4.400 Patente angemeldet worden – mehr als für jedes andere Gerät. Laut dem Smithsonian Institut versinnbildlicht das Bestreben, eine immer bessere Mausfalle zu konstruieren, den amerikanischen Drang nach Innovation.

Indiana Jones hat nichts gegen diese billige, robuste und absolut markante Peitsche einzuwenden!

PARACORD-PEITSCHE

31

SICHERHEIT

+ Schutzbrille

SCHWIERIGKEIT

DAUER

90 Minuten

MATERIAL

+ 2 Kunststoffrohre, ø 2 cm
+ 1 Kunststoffrohr, ø 2,5 cm
+ Paracord (oder andere Fallschirmleine)
+ Kugeln für Luftgewehre (BBs)
+ Sport-Tape
+ Isolierband
+ Bohrer
+ Feuerzeug
+ Schraubstock

LOS GEHT'S

DEN GRIFF BAUEN

1. Das Kunststoffrohr von 2 cm Durchmesser auf die passende Länge für den Griff zuschneiden (20–23 cm ist ideal). Von dem Rohr von 2,5 cm Durchmesser eine Länge von 2,5 cm abschneiden.

2. Das kleinere Rohr von 2,5 cm Durchmesser vollständig in das längere Rohr einführen.

ABMESSEN

1. Das Paracord durch den Griff führen und 2,5 m vor dem Griff und 60 cm hinter dem Griff abmessen. Insgesamt sollte das Paracord etwa 3 m lang sein. Die Schnur am Ende des Griffs mit dem Isolierband bei 60 cm markieren.

2. Das nächste Stück ist so lang wie die Peitsche, und die letzten 45 cm sind der „Fall", der das markante Knallen erzeugt. Mit einem weiteren Stück Isolierband den Anfang des „Falls" markieren. Ein weiteres Stück zuschneiden, mit derselben Länge wie der Abstand zwischen den beiden Stücken Isolierband.

3. Bei den letzten sieben Paracord-Stücke jede Schnur 45 cm kürzer als die vorherige zuschneiden. Insgesamt sind nun zehn Stücke mit jeweils abnehmender Länge zugeschnitten. Wenn eine Schnur 1–2 cm kürzer wird als geplant, dann macht das nichts.

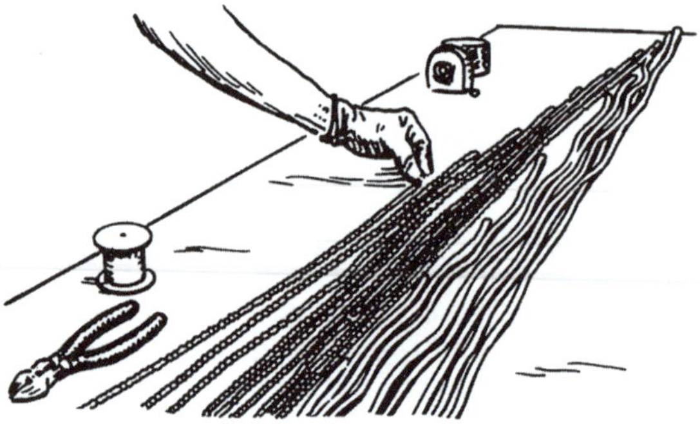

GEWICHT HINZUFÜGEN

Traditionelle Peitschen sind aus Känguruleder gefertigt, deshalb solltest du deine Paracord-Peitsche noch etwas beschweren.

1. Drei Stücke Paracord zuschneiden, die der Länge von drei bereits zugeschnittenen Stücken entsprechen (etwa das kürzeste, das mittlere und das längste Paracord). Die weiße Innenfaser vollständig aus dem Paracord herausziehen. Diese wird nicht benötigt.

2. Zum Versiegeln eine Flamme unter jeweils ein Ende der drei Schnüre halten, sodass es schmilzt.

3. In das offene Strangende einen Bohrer mit ø 4,7 mm einführen. Den Strang rund um den Bohrer schmelzen, sodass trotzdem unten eine Öffnung bleibt, wenn der Bohrer wieder herausgezogen wird. Mit den beiden anderen Leinen genauso verfahren.

4. Jeden dieser drei Stränge mit den Luftgewehrkugeln füllen. Das ist etwas aufwendig, aber die drei Schnüre sind dann stark und dennoch flexibel. Die jeweiligen Enden mit Hitze verschweißen.

ZUSAMMENSETZEN

1. Mit dem Isolierband alle 13 Paracord-Stränge zusammenfassen.

2. Etwa 2 cm unter den Ende des Griffes ein Loch mit einem Bohrer mit ø 4,7 mm bohren. Das zusätzliche Stück Paracord (das zuallererst zugeschnitten wurde) durch das Rohr fädeln, bis das Bündel im Griff liegt. Den Strang durch die gebohrte Öffnung straff ziehen, bis er die restlichen Schnüre in den Griff gezogen hat. Das überstehende Ende des ersten Strangs um den Griff wickeln. Die Schnur an beiden Enden des Griffs großzügig mit Isolierband umwickeln.

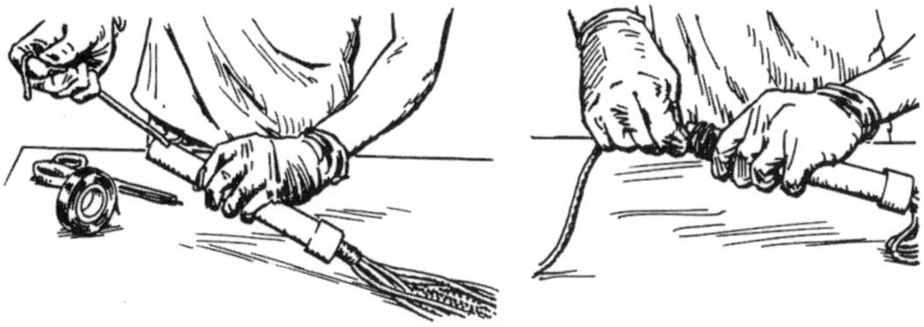

3. Ein Stück Isolierband im Abstand von etwa 45 cm um die Paracords wickeln, damit sich die Schnüre nicht verheddern.

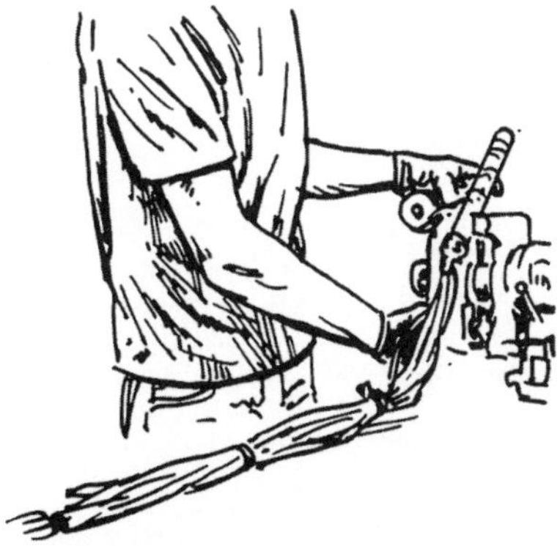

4. Den Griff in den Schraubstock spannen und das Paracord-Bündel vorsichtig mit Sport-Tape umwickeln, damit die einzelnen Stränge fest zusammenbleiben. Dazu unten am Griff beginnen und wickeln, bis der „Fall" erreicht ist. Darauf achten, dass dieser ausgespart wird.

5. Nun ist alles verbunden. Nun den Griff noch mit farbigem Klebeband verzieren.

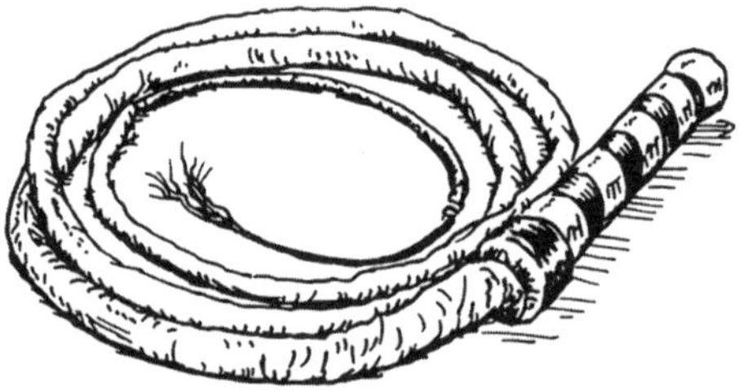

JETZT WIRD GEKNALLT

Jetzt wird es langsam Zeit, dass du die Peitsche einmal ordentlich durch die Luft wirbeln lässt. Beim „Cattleman's Crack" wird die Peitsche über die Schulter geschleudert. Für den „Overhead Crack" wird die Peitsche über dem Kopf im Kreis gedreht, um dann vor dir nach unten zu kommen. Am besten trägst du etwas Langärmeliges und eine Schutzbrille.

Das schnelle Schwirren kann süchtig machen, wenn du länger mit der Peitsche experimentierst! Achtung, Cowboys und Filmstars, diese ohrenbetäubende Peitsche hat eine Power, auf die man sich gefasst machen muss.

FUN FACT: Das Knallen einer Peitsche durchbricht die Schallmauer, wenn die Spitzenpeitsche mit bis zu 1.200 Stundenkilometer durch die Luft zurrt. Man nimmt an, dass die Peitsche der erste von Menschen gebaute Gegenstand ist, der die Schallmauer durchbrochen hat.

Bei der nächsten Gartenparty bleibst du garantiert kein Mauerblümchen! Sichere dir die Aufmerksamkeit anderer Gäste oder bezaubere die Anwesenden mit dieser bunten und maßgefertigten Partypfeife.

KRONKORKEN-PFEIFE

32

SICHERHEIT

+ Scharfe Gegenstände

SCHWIERIGKEIT

WARNUNG

Beim Schneiden von Getränkedosen aus Aluminium bekommt das Metall sehr scharfe Kanten. Und die können leicht in die Haut schneiden. Also trag vielleicht besser Handschuhe, um das Risiko zu minimieren.

DAUER

20 Minuten

MATERIAL

+ Leere Softdrink- oder Bierdosen
+ Kronkorken
+ Heißklebepistole
+ Schere

LOS GEHT'S

DIE PFEIFE BAUEN

1. Mit einer Schere die Ober- und Unterseite einer Aluminiumdose abschneiden und das Mittelstück aufschneiden, sodass ein leichtes Metallblech übrig bleibt.

2. Nun einen langen schmalen Streifen an einem Ende des Metallblechs abschneiden, der so breit wie eine Getränkedosen-Lasche ist. Dann ein kleineres, kürzeres Stück zuschneiden. Dieses sollte so breit und so hoch wie zwei nebeneinanderliegende Getränkedosen-Laschen sein.

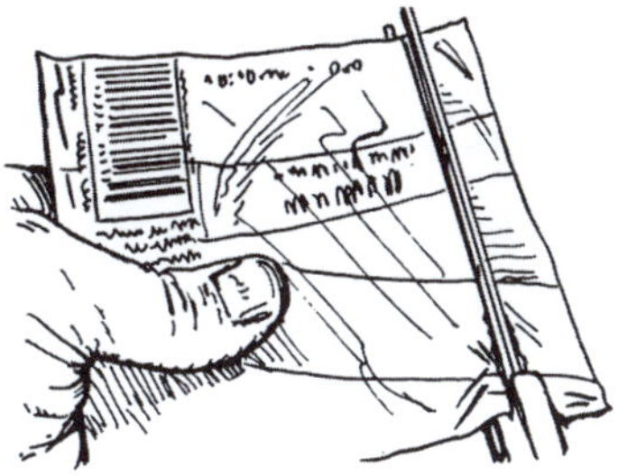

3. Die zwei Teile verbinden. Hierbei sollte das kleinere Rechteck oben mittig 1,25 cm von der Kante des längeren Teils liegen, sodass sie ein kleingeschriebenes „t" bilden.

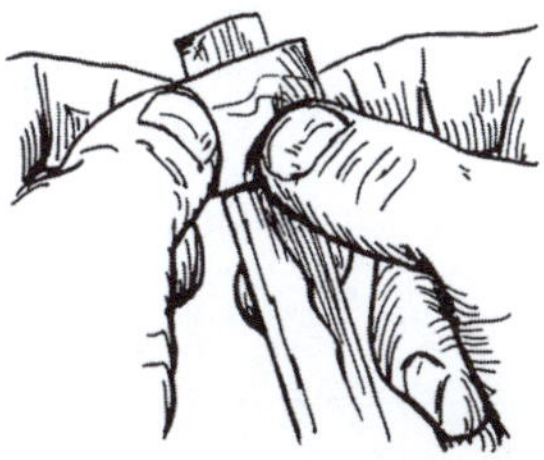

4. Die beiden Enden des kleinen Rechtecks links und rechts nach hinten um den langen Streifen legen. Die oberen Ecken schräg abschneiden und das überstehende obere Stück umklappen. Das wird das Mundstück der Trillerpfeife.

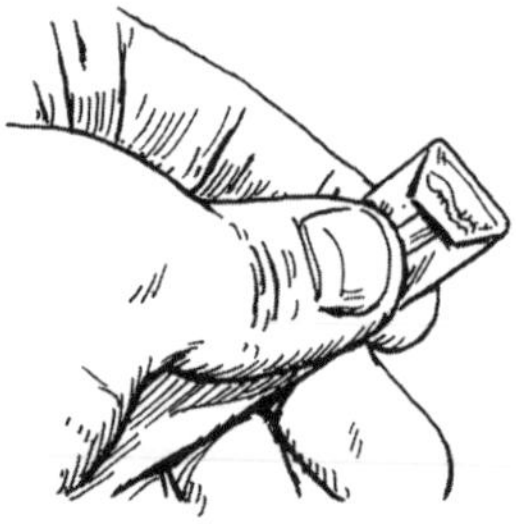

5. Nun das untere Ende des langen Streifens von unten in das Mundstück drücken.

6. In jeden Kronkorken eine kleine Kerbe schneiden. Wenn beide Verschlüsse zusammenliegen, bilden sie einen runden Behälter mit einem symmetrischen rechteckigen Loch oben.

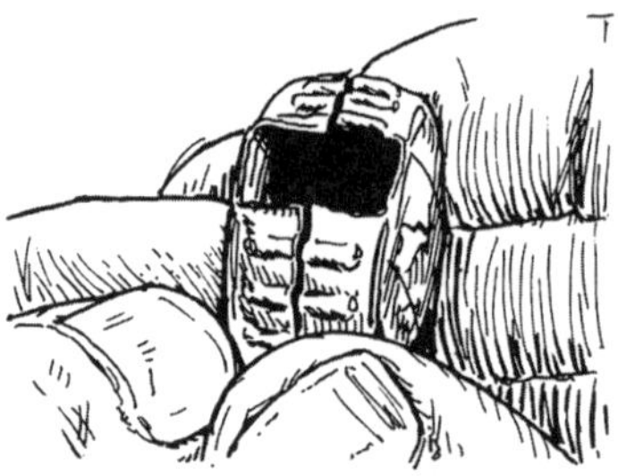

7. Das Mundstück wieder zur Hand nehmen und die Rolle in einen der Kronkorken legen, sodass sie die Innenseite des Kronkorkens vollständig ausfüllt. Innen in den Kronkorken am Rand entlang etwas Heißkleber aufkleben und die Rolle wieder einsetzen.

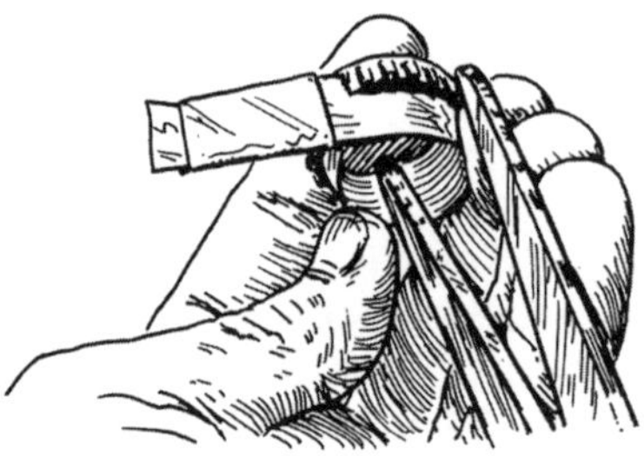

8. An der Stelle, an der der Streifen der Rolle mit der Oberseite der Kronkorken-Kerbe zusammenstößt, einen Schnitt machen und den überflüssigen Streifen oben aus dem Mundstück herausziehen.

9. Auf den zweiten Kronkorken ebenfalls Heißkleber auftragen und die beiden Kronkorken zusammendrücken. Dabei sollten die Kerben auf jeden Fall aufeinanderliegen.

10. Einen Dosenring in der Mitte durchschneiden und den Ring hinten an die Pfeife kleben. So kann später dort noch eine Kordel befestigt werden.

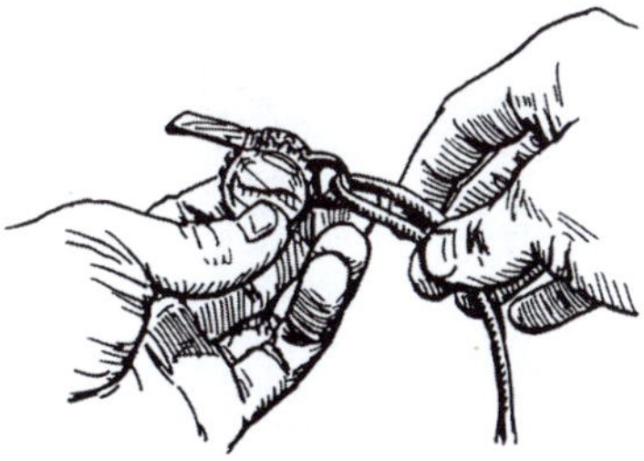

11. Die Pfeife in den Mund stecken und los geht's! Wird die Luft durch das Mundstück geleitet und teilt sich an der scharfen Metallkante, dann ist ein Ton zu hören. Wenn du beim Pfeifen die Zunge rollst, dann hört es sich an, als pfeife der Schiedsrichter beim Fußball. Ein ganz schöner Krach!

Wenn du bei der nächsten Party damit erscheinst, ist dir die Aufmerksamkeit aller gewiss!

FUN FACT: Eine durchschnittliche Pfeife erzeugt einen Lärm von 104 bis 116 Dezibel. Zum Vergleich: Ein Presslufthammer liegt bei 100 Dezibel und ein Donnerschlag bei 120 Dezibel.

Du hast Lust zu grillen, aber keinen Grill? Dann kommt hier ein echt cooles Mini-Projekt, das deine Lust auf eine Bratwurst sofort befriedigt!

MINI-BBQ

33

SICHERHEIT

+ Feuer + scharfe Kanten

SCHWIERIGKEIT

DAUER

30 Minuten

MATERIAL

+ Leere große Softdrink- oder Bierdose (0,75 l)
+ Metall-Kleiderbügel
+ Schleifpapier mit 60er-Körnung
+ Seitenschneider
+ Zange
+ 2 Universalscharniere, 2,5 cm breit
+ Rundkopfschrauben, ø 3 mm (zum Festschrauben der Scharniere)
+ Kreuzschlitzschrauben, ø 4 mm
+ 2 U-Bolzen, 10 cm lang
+ Bügelgriff
+ Filzstift

LOS GEHT'S

DIE DOSE ZUSCHNEIDEN

1. Mit der Schere oder Ähnlichem die Dose der Länge nach sauber durchschneiden.

2. An jeder Schnittkante mit dem Seitenschneider einen schrägen Schnitt 1,25 cm von der Ober- und Unterseite entfernt vornehmen und diese Lasche nach innen klappen. Dazu einen Holzeisstiel darunterlegen, damit eine saubere Knickkante entsteht. Auf der anderen Seite entsprechend arbeiten.

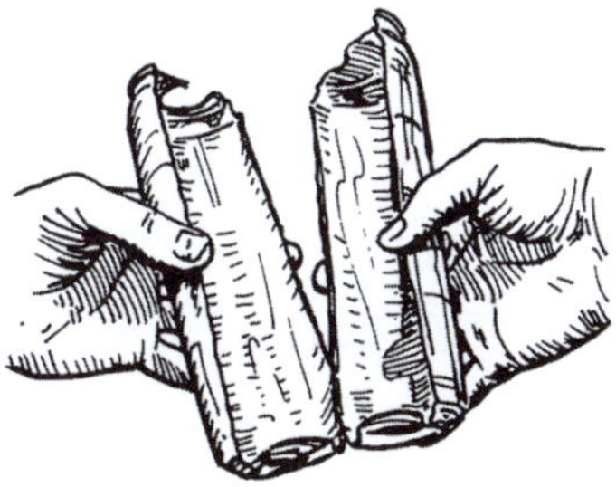

SICHERHEIT ZUERST: Denk auch daran, die spitzen Teile glatter zu schneiden, damit sie nicht zu scharf sind.

DEN GRILL ZUSAMMENBAUEN

1. Den Metallkleiderbügel und den Seitenschneider zur Hand nehmen. Den Aufhänger abschneiden und den Schutzüberzug mit dem Schleifpapier abschmirgeln.

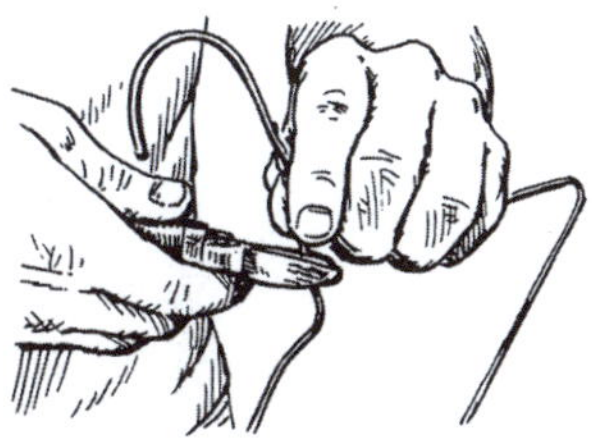

2. Mithilfe der Abbildung rechts für den Grillrost zunächst eine Schablone auf Papier zeichnen. Dann mit der Zange den Metallbügel in die Form des Grillrostes biegen. Es soll ein abnehmbarer Grill gebaut werden, der im Handumdrehen einsatzbereit ist.

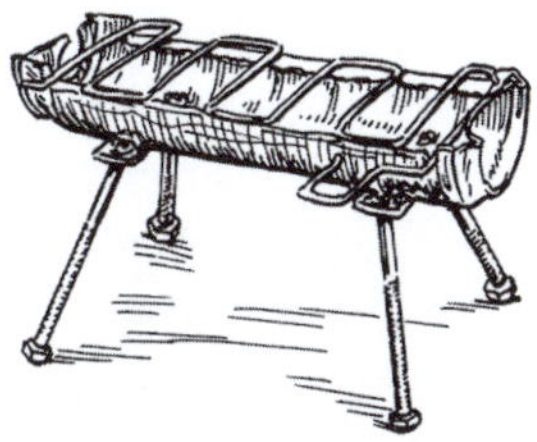

DIE BEINE ANBRINGEN

3. Die Metallscheiben von den beiden 10 cm langen U-Bolzen entfernen. Eine Scheibe außen auf die Dosenhälfte legen und die Löcher mit dem Filzstift markieren. Mit einer Schere an den vier markierten Stellen Öffnungen in die Dose drücken. Die Öffnungen sollten groß genug sein, um den Bolzen hindurchzuführen.

4. Den U-Bolzen von innen durch die zwei Öffnungen führen und die Metallscheibe auflegen. Die beiden Beine leicht auseinanderdrücken, um die Metallscheibe festzusetzen. Mit dem anderen U-Bolzen auf der anderen Seite genauso verfahren. Dann die Muttern zur Dekoration an die ausstehenden Enden schrauben.

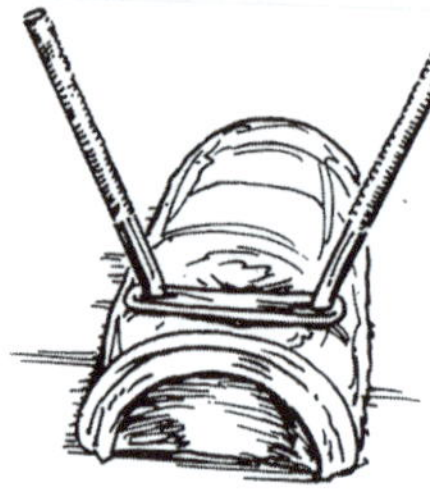

EXTRAS

1. Im Prinzip ist der Grill nun fertig, doch mit einigen Extras wird daraus ein echter Mini-Profi-Grill. Mit den 2,5 cm breiten Scharnieren kann die zweite Dosenhälfte als Deckel angeschraubt werden. Dazu einfach vier Löcher an jede Seite bohren (siehe Abbildung) und die beiden Scharniere mit den 3-mm-Schrauben und Muttern anbringen. Dabei sollten die Muttern innen im Deckel sitzen.

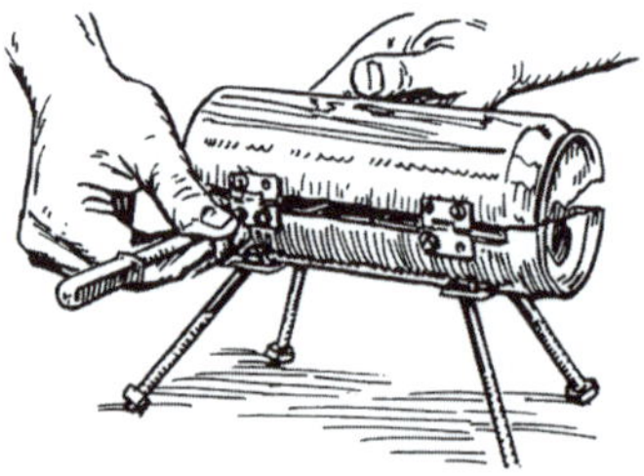

2. Zum Schluss noch einen kleinen Griff anbringen. Diesen mit den zwei 4-mm-Schrauben am Deckelrand befestigen. Der Mini-BBQ ist nun fertig und fürs Grillen bereit.

GRILL, BABY, GRILL

1. Etwas Holzkohle, oder anderes Grillmaterial, in die Innenfläche legen, den Grillrost auflegen und das Grillmaterial anzünden.

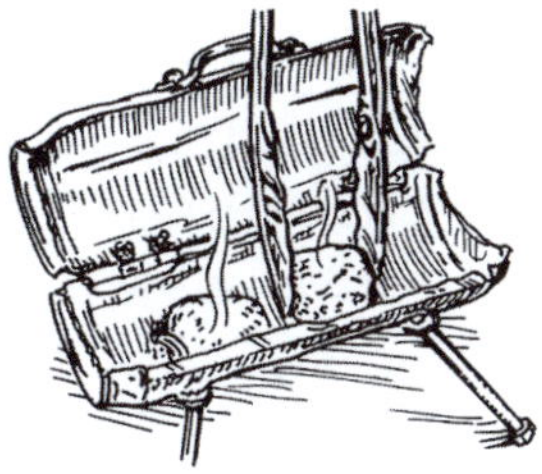

2. Das Grillgut auflegen und den Deckel schließen, damit das Grillgut gut durchbrutzeln kann. Während des Wartens kann die Zange in den eingearbeiteten Ring am Grillrost eingehängt werden.

3. Schon nach etwa 10 Minuten ist das Grillgut perfekt gegrillt und kann direkt verzehrt werden.

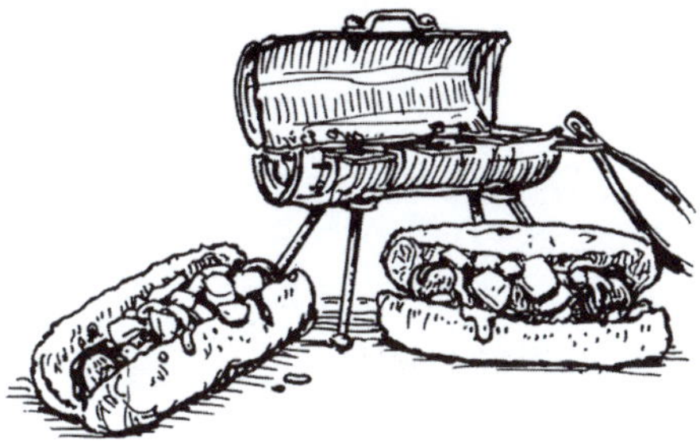

KREATIV WERDEN: Dies ist ein großartiges Projekt, mit dem du vielfach experimentieren kannst! Nimm einmal zwei kleinere Dosen als Grundmaterial oder statt des umgebogenen Kleiderbügels ein Drahtgitter als Grillrost.

Wenn du keinen Grill hast, aber trotzdem gern etwas Leckeres grillen möchtest, dann weißt du jetzt, wie du einen Super-Mini-Grill bauen kannst! So kannst du deinen Grillgelüsten nachkommen und schnell das ein oder andere Würstchen grillen.

FUN FACT: *Surf and Turf* meint meistens Steak und Garnelen, doch 29.000 v. Chr. stand das für Mammut-Rippchen und Muschelfleisch. 2009 fanden Archäologen eine Kochstelle mit diesen beiden Zutaten, was bedeutet, dass dieses berühmte Gericht schon viel länger existiert, als gedacht.

Zieh deine Handschuhe an und bereite dich auf ein Experiment mit dem ausziehbaren Feuerwerk vor. Wir bauen zunächst einen Zünder aus einem Streichholzheftchen, sodass du dann den Zünder mit einer einfachen Handbewegung herausziehen kannst.

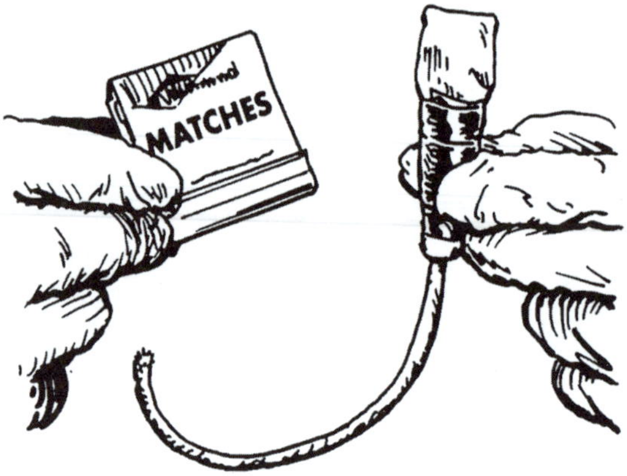

STREICHHOLZ-ZÜNDER

34

SICHERHEIT

+ Feuer

SCHWIERIGKEIT

DAUER

15 Minuten

MATERIAL

+ Streichholzheftchen
+ Isolierband
+ Zünder

LOS GEHT'S

AUFBAU

1. Das Streichholzheftchen aufklappen, sodass die vier Reihen mit Streichhölzern sichtbar sind. Nun das Heftchen an der Unterseite festhalten und die Pappe abziehen, sodass die Packung von den Streichhölzern getrennt wird.

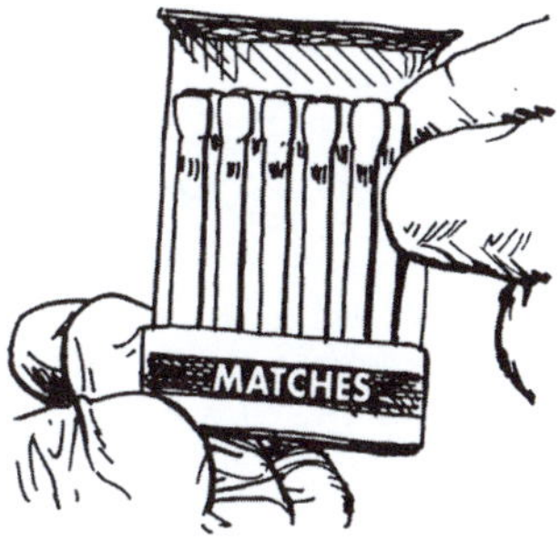

2. Die Streichhölzer werden durch eine Klammer zusammengehalten. Du kannst diese mit den Fingernägeln, den Zähnen oder mit einer Zange entfernen.

3. Das Heftchen mit der Außenseite flach auf den Tisch legen.

4. Die Seiten einklappen, sodass die Seiten in der Mitte zusammenstoßen.

5. Um die Seiten zusammenzuhalten, ein Stück Isolierband zuschneiden und die Seiten an der Stelle zusammenkleben, an der die Reibefläche innen liegt. So entsteht oben eine Art Schornstein, der unten zusammengeklebt ist.

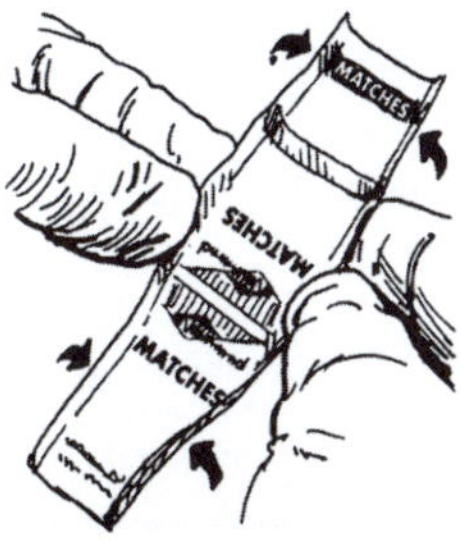

6. Die Streichhölzer zusammenfalten, sodass nur noch ein Drittel der Gesamtbreite bleibt. Dieses Bündel einen halben Zentimeter unter dem Streichholzkopf mit Isolierband umwickeln.

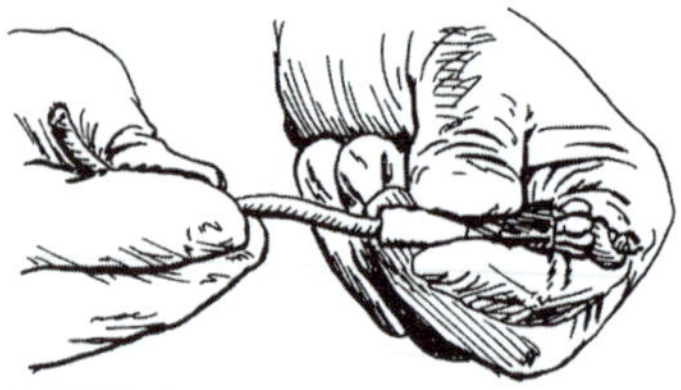

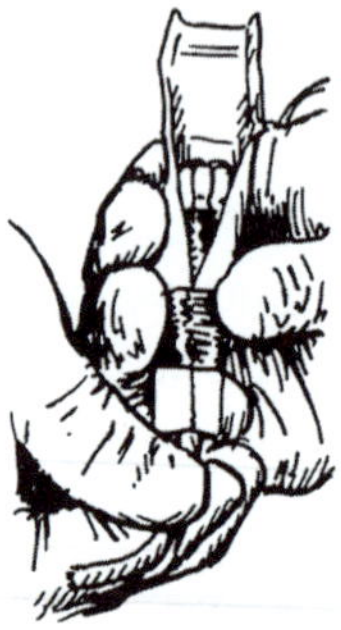

7. Nun die Streichhölzer in den zuvor vorbereiteten Schornstein legen. Die Streichhölzer hinunterdrücken, sodass die Streichholzköpfe knapp über der Reibefläche liegen und das Ende der Streichhölzer unten ein wenig herausschaut.

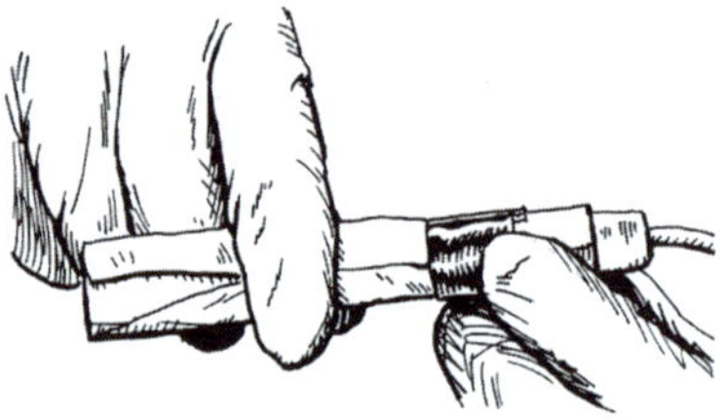

ANZÜNDEN

1. Als Nächstes den Ausziehring für den Zünder basteln. Dazu das obere Ende des Pappheftchens nach unten klappen, bis die untere Kante über dem Klebeband liegt. Dann mit einem zweiten Stück Klebeband umwickeln. Das wird der Zünder.

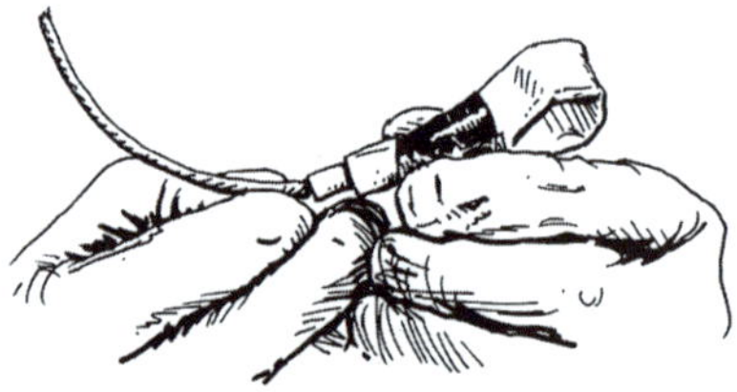

2. Zum Anzünden der Streichhölzer einen Finger in den Ausziehring legen, das Ende der heraussteckenden Streichhölzer festhalten und kräftig am Ring ziehen. Was für eine Granate!

ES WIRD HEISS! Wenn du die beiden Teile auseinanderziehst, entzünden sich durch die Reibung auf der Reibefläche innen alle Streichhölzer gleichzeitig.

PROFI-TIPP: Wenn du viel Kraft benötigst, um den Ring herauszuziehen, sind die Hölzer vielleicht zu fest zusammengeklebt. Wenn sie zu locker zusammengeklebt sind, dann ist die Gefahr groß, dass sie sich überhaupt nicht zünden lassen.

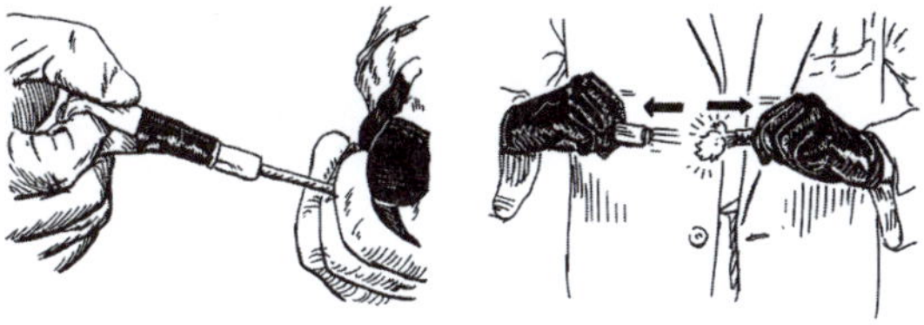

ZÜNDSCHNUR BEFESTIGEN (OPTIONAL)

1. Für den Zünder wird eine Art Zündschnur namens Viskofuse verwendet, die es beim Pyrotechnik-Bedarf gibt.

2. Das Anzünden dauert nur eine Sekunde. Dazu muss lediglich ein Knoten in das Ende der Zündschnur gemacht werden. Die Zündschnur auf die Streichhölzer legen, wobei der Knoten oben herausschaut. Alles aufrollen.

FEUERWERKSKUNST! Beim Aufrollen der Zündschnur zwischen den Streichhölzern bildet sich ein schöner Feuerwerksstrauß aus Streichholzköpfen.

3. Dieser Strauß kommt zurück in den gestalteten Schornstein. Die Streichhölzer mit dem Zünder hineinschieben, wobei der Zünder unten herauskommt.

4. Nun wird wie zuvor wieder der Ausziehring gebastelt und das Ganze wieder mit Klebeband umwickelt. Der Selbstanzünder ist fertig!

Setz deine Schutzbrille auf und das Experiment kann beginnen. Achte darauf, was passiert, wenn du den Ausziehring zu schnell oder zu langsam ziehst. Auf jeden Fall ist das Ergebnis ein helles Feuer und ein toller Funkenregen!

Wolltest du schon mal Schaumballons fliegen lassen? Nun, bei diesem Projekt kannst du diesen Wunsch Wirklichkeit werden lassen!

HELIUM-WOLKEN-GENERATOR

35

SICHERHEIT

+ Heiße und scharfe Gegenstände

SCHWIERIGKEIT

DAUER

45 Minuten

MATERIAL

+ Flache, breite Metallschüssel mit geraden Seitenrändern
+ dünner Vinylschlauch, 20 cm lang
+ Heliumflasche
+ Seifenblasenflüssigkeit
+ Heißklebepistole
+ Feuerzeug/Grillanzünder
+ Stecknadeln

LOS GEHT'S

AUFBAU

1. Mit der Heißklebepistole ein Ende des Vinylschlauchs zukleben.

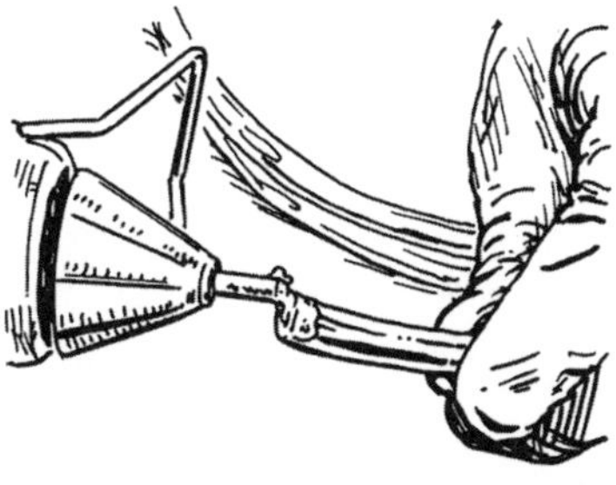

2. Den Schlauch auf die Mitte der Schüssel kleben. Etwas Kleber darauf verteilen, damit der Schlauch auch wirklich fest sitzen bleibt.

3. In einer Spiralform von der Schüsselmitte aus den Heißkleber auftragen und den Schlauch in der Schüssel fixieren. Mit zusätzlichem Kleber den Schlauch am Schüsselrand festkleben und auch auf die Mitte der Rolle noch zusätzlich Kleber geben.

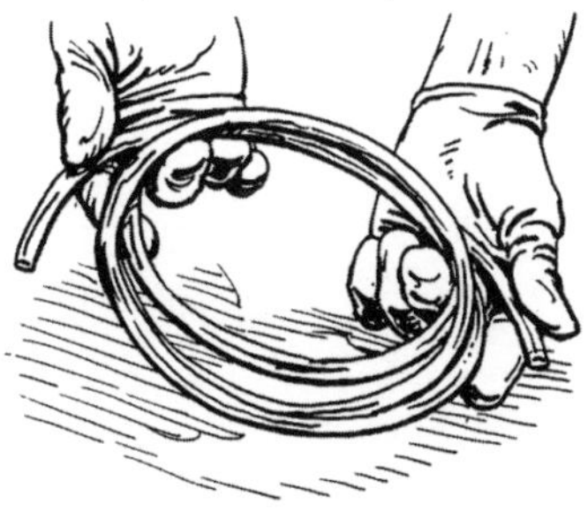

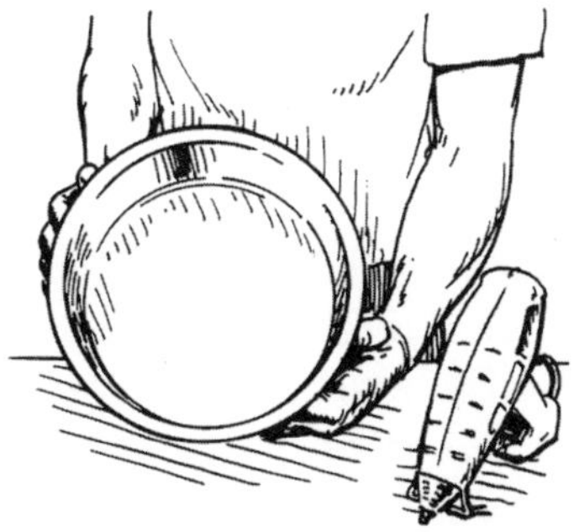

DIE SEIFENBLASEN VORBEREITEN

1. Mit dem Feuerzeug das Ende der Stecknadel erhitzen.

2. Mit der heißen Spitze der Stecknadel Löcher in den Vinylschlauch stechen; dabei die Löcher möglichst in Abständen von 2 cm entlang des Schlauches setzen.

3. Um zu überprüfen, ob alle Löcher funktionieren, gibt es einen einfachen Test: Das Wasser durch den Schlauch hindurchpusten. Wenn sich winzige Fontänen an den Öffnungen zeigen, sind die Öffnungen groß genug. Ansonsten alle verstopften Öffnungen noch einmal einstechen.

SEIFENBLASENFLÜSSIGKEIT HERSTELLEN

1. Die normale Seifenblasenflüssigkeit ist zu schwer, deshalb muss sie etwas verwässert werden. Für die Helium-Seifenblasen-Lösung wird ein Teil Seifenblasenflüssigkeit mit sieben Teilen Wasser gemischt.

2. Die neu zusammengemischte Lösung in die flache Schüssel gießen und leicht umrühren, sodass eine schöne gleichmäßige Lösung entsteht. Gerade so viel Lösung hineingießen, dass der Schlauch bedeckt ist, die Ränder der Schüssel aber noch freiliegen.

DIE SCHAUMWOLKEN FORMEN

1. Zum Schluss das andere Ende des Vinylschlauchs an die Heliumflasche anschließen.

2. Nun einfach den Auslauf an der Heliumflasche öffnen, sodass das Helium herausströmen kann.

PROFI-TIPP: Noch schöner werden die Blasen, wenn das Helium mit Hilfe eines Drehventils langsam herausströmt.

Keine Explosionen, sondern reinster Seifenblasen-Spaß! Du wirst dich wie ein teuflischer Wissenschaftler fühlen, der zusieht, wie seine Schaum-Kreaturen größer und immer größer werden, bis sie schließlich davonfliegen. Jag ihnen hinterher, schneide sie durch oder spiel mit ihnen herum.

FUN FACT: Das Helium, das wir in Flaschen kaufen können, wird durch den natürlichen Zerfall radioaktiver Elemente produziert – vor allem Thorium und Uran in der Erdkruste.

Schieß die Rakete ab und zwar mit nur einem Knopfdruck! Und dabei musst du dir die Teile zum Bauen nicht einmal mehr besorgen. Du kannst die Rakete schon mit Dingen zünden, die zu sowieso im Haus hast.

RAKETENZÜNDER

36

SICHERHEIT

+ Feuer

SCHWIERIGKEIT

DAUER

35 Minuten

MATERIAL

+ Altes Handyladegerät
+ Papierstreichhölzer (oder normale Holzstreichhölzer)
+ Krokodilklemmen
+ 9-Volt-Batterie
+ Isolierband
+ Schere

LOS GEHT'S

AUFBAU

1. Zuerst den Kopf des Ladegeräts abschneiden und dann das Kabel in 5 cm lange Abschnitte schneiden.

DIE DRÄHTE VORBEREITEN

1. Wird die äußere Kabelisolierung entfernt, werden die beiden innenliegenden Drähte sichtbar, die aus dünnen Strängen Kupferdraht bestehen.

PROFI-TIPP: Bei diesem Projekt gilt: Je dünner die Drähte, desto besser funktioniert der Zünder.

2. Die äußere Isolierung wird nicht benötigt, sodass sie direkt entfernt werden kann.

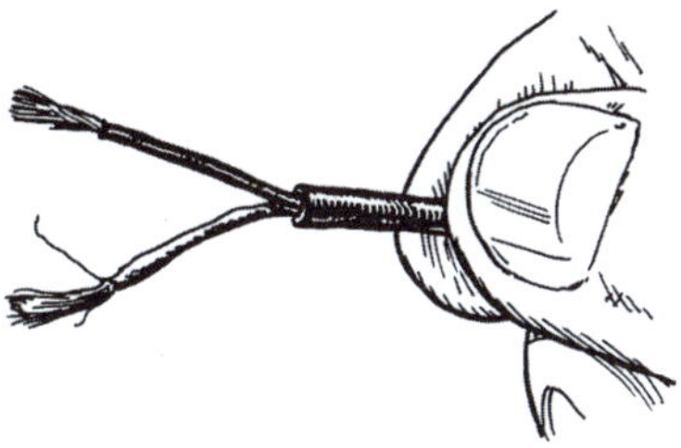

3. Die innere Isolierung ca. 1,25 cm weit abziehen, sodass die dünnen Kupferstränge sichtbar werden.

4. Vorsichtig einen einzelnen Kupferstrang aus dem Bündel heraussuchen und diesen zur Seite biegen.

5. Die restlichen Stränge werden nicht benötigt. Diese einfach zusammendrehen und unten mit der Schere abschneiden.

6. Wenn der zweite Draht noch Nylonfasern enthält, müssen auch diese entfernt werden.

PROFI-TIPP: Am besten lässt sich die Nylonfaser entfernen, wenn sie kurz an die Flamme einer Kerze oder eines Grillanzünders gehalten wird.

7. Nun die beiden Drähte im Abstand von einem halben Zentimeter nebeneinanderhalten und den einzelnen, gebogenen Kupferstrang des ersten Drahts wie eine Drahtbrücke mit dem zweiten Draht verbinden. Um den zweiten Draht wickeln, sodass die beiden Drahtenden über die Drahtbrücke verbunden sind.

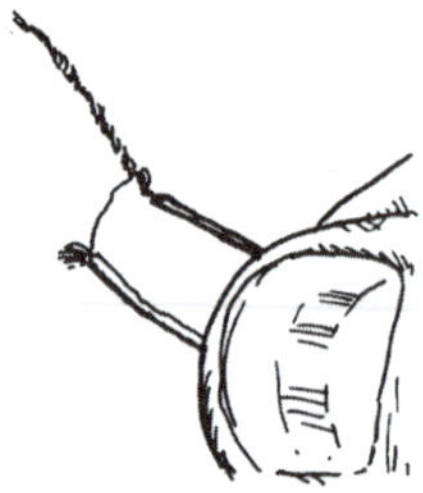

8. Ein Stück Isolierband abschneiden und mit der Klebeseite nach oben auf den Tisch legen. Die Drähte in der Mitte längs auflegen.

AUFS DETAIL KOMMT'S AN: Achte darauf, dass der Brückendraht etwa einen halben Zentimeter über dem Klebeband liegt, und falte erst dann das Ende des zweiten Drahts um, sodass es neben dem Draht auf dem Klebestreifen liegt.

DAS ZÜNDHOLZ

1. Nun werden die Streichholzköpfe angepasst. Immer ein Streichholz nehmen und den Kopf vorsichtig an der Schnittkante einer scharfen Schere entlangziehen. So entsteht eine kleine Kerbe in der Mitte des Streichholzkopfes. Die am Klebeband fixierten Drähte mit dem Streichholz verbinden. Der Brückendraht liegt dann genau in der Kerbe des Streichholzes.

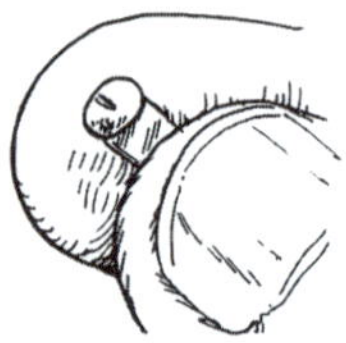

2. Als Nächstes die Konstruktion aus Drähten und Streichholz fixieren. Dazu eine Seite des Klebebands über Drähte und Streichholz legen und fest andrücken. Die andere Seite darüberfalten.

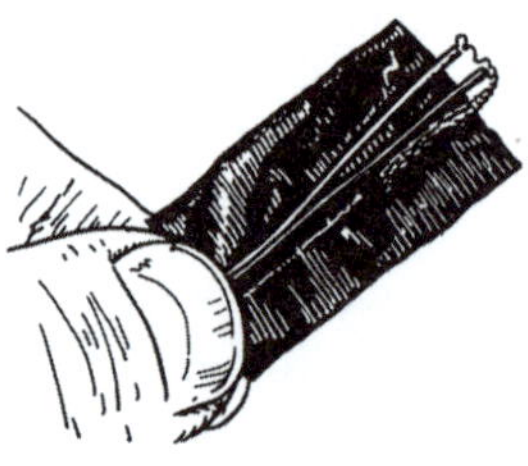

VORBEREITUNG DES ZÜNDERS

1. Jetzt noch die unten herausstehenden Nylonstränge an den zwei Zünderdrähten mit dem Feuerzeug abbrennen.

2. Die Stränge einzeln verdrehen, sodass sie hinterher besser leiten.

AN DIE ARBEIT!

1. Als ersten Test werden Krokodilklemmen an die Enden des Zünders angeschlossen und parallel zu einer 9-Volt-Batterie geführt.

2. Zum Zünden die Drähte an die Batterieklemmen anschließen.

SELBSTZÜNDUNG! Das alles läuft sehr schnell ab: Die Streichhölzer entzünden sich, da der Kreislauf geschlossen wird. Dabei strömen 6 Ampere elektrischen Stroms durch den winzigen Brückendraht oben. Der Strom erhitzt den Draht so stark, dass er die Chemikalien im Streichholzkopf entzündet, und der Streichholzkopf entflammt.

NOCH MEHR: Wenn du eine weitere Herausforderung suchst, dann nimm einfach eine alte Spielekonsole (wie etwa die Nintendo 64) und bau sie zu einer Raketenrampen-Steuerung um.

Praktisch oder nur zum Spaß? Dieses Gerät aus einem Kunststoffrohr und einem Kleiderhänger kann später bis zu zehn Meter weit feuern!

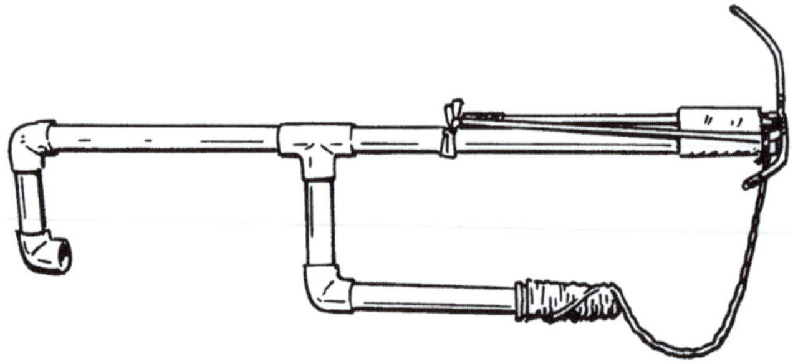

KLEIDERBÜGEL-ENTERHAKEN

37

SICHERHEIT

+ Scharfe Gegenstände

SCHWIERIGKEIT

DAUER

30 Minuten

MATERIAL

+ Kunststoffrohre, ø 1,25 cm und 2 cm
+ Drahtkleiderbügel
+ Nylonfaden
+ Chirurgischer Gummischlauch (Medizinbedarf), min. 30 cm lang
+ Holzstab, min. 30 cm lang
+ Isolierband und Klebeband
+ Bindedraht
+ Drahtzange
+ Kunststoffkleber

LOS GEHT'S

DEN ENTERHAKEN BAUEN

1. Den Holzstab auf etwa 30 Zentimeter Länge zuschneiden und dann beiseitelegen.

2. Nun den Drahtkleiderbügel auf eine gerade Länge bringen. Dazu mit der Drahtzange den verdrehten Hals links und rechts abschneiden und den restlichen Draht zu einem langen, geraden Stück biegen.

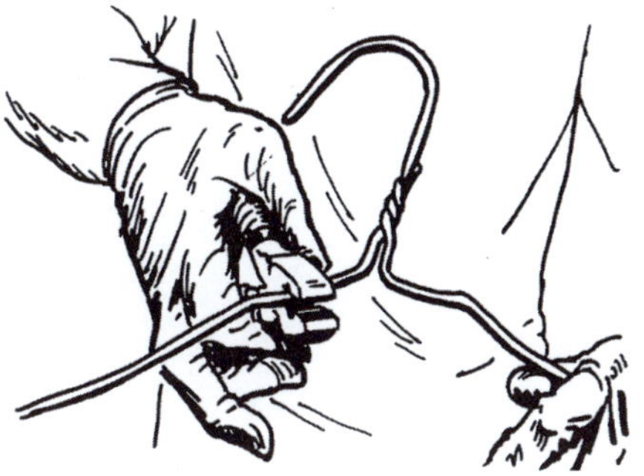

IN FORM BRINGEN!

1. Für einen dreizackigen Enterhaken zunächst an einem Ende ein 15 cm langes Stück mit der Drahtzange um 45 Grad biegen. Dann den restlichen Draht zu einem Haken biegen – dabei solange biegen, bis drei Zacken entstanden sind (siehe Abbildung).

2. Den restlichen Draht nach unten biegen, sodass er parallel zum nicht gebogenen Anfangsstück liegt.

PROFI-TIPP: Das Endstück auf gleiche Länge wie das Anfangsstück zuschneiden.

3. Diese Dreizack-Konstruktion mit Bindedraht zusammenbinden. Zuerst Anfangs- und Endstück umwickeln und dann die Übergänge zu den drei Zacken ebenfalls umwickeln. Die Enden der Zacken nach unten biegen, sodass sie einen Enterhaken bilden.

4. Den Holzstab an einem Ende abschleifen, sodass er eine flach zulaufende Spitze bekommt.

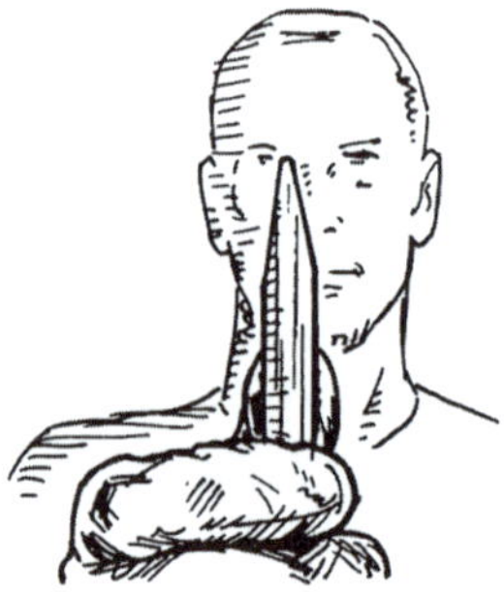

5. Diese Spitze passt genau zwischen die beiden nach unten gebogenen Drahtenden. Die Spitze hineinstecken und mit weiterem Draht festbinden. Zum Schluss noch mit Isolierband umwickeln.

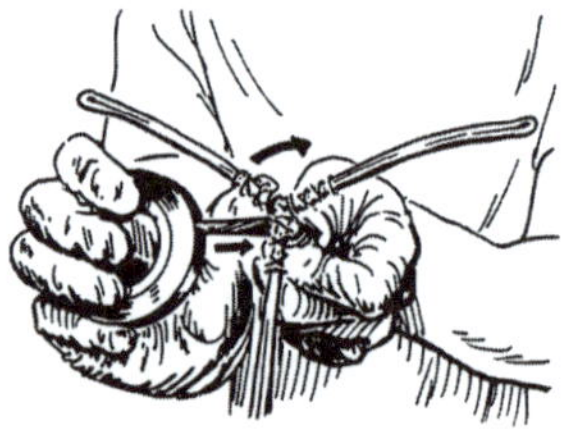

DIE ABSCHUSSVORRICHTUNG BAUEN

1. Das Kunststoffrohr mit ø 1,25 cm auf 7,5 cm Länge zuschneiden.

2. Das Kunststoffrohr mit ø 2 cm auf 45 cm Länge zuschneiden.

3. Das Rohrstück mit dem schmaleren Durchmesser (ø 1,25 cm) wird auf das breitere Stück (ø 2 cm) gesetzt. Für eine flache, glatte Verbindung jeweils eine Seite jedes Rohrs etwas abschmirgeln, sodass die beiden Stücke flach aufeinanderliegen.

4. Den Kunststoffkleber auf die glatten Flächen auftragen und die Rohre zusammensetzen. Eventuell zur Verstärkung noch mit Isolierband umwickeln.

5. Vom Gummischlauch ein 30 cm langes Stück abschneiden (damit wird der Enterhaken abgeschossen).

6. Den Schlauch im Bogen um das aufgeklebte kurze Rohr führen, sodass er links und rechts bündig mit den beiden Öffnungen des breiten Rohrs abschließt. Mit Isolierband umwickeln, damit nichts verrutschen kann. Zusätzlich mit Kabelbinder die Schlauchenden am breiten Rohr befestigen.

7. Für den Abzugsmechanismus einen Abzugshaken aus einem Stück Holz ausschneiden (siehe Abbildung). In die Mitte des Stücks ein kleines Loch bohren. Ein weiteres Loch etwa 10 Zentimeter vom anderen Ende des Kunststoffrohrs bohren. Ein Stück Draht vom Kleiderbügel durch das Abzugsloch und das Kunststoffrohr ziehen, sodass der Abzugshaken auf dem Rohr liegt. Den Draht verdrehen, damit der Haken fest liegt.

8. Am Ende des Enterhakens eine kleine Kerbe aus dem Holz schneiden, damit der Abzug dort eingehakt werden kann.

9. Die Abschussvorrichtung muss noch weiter ausgebaut werden, damit sie gut gehalten werden kann. Dazu ein T-Verbindungsstück hinten auf das Ende stecken und ein 12,5 cm langes Kunststoffrohr zuschneiden. Das kommt unten in die Öffnung des T-Stücks. Ein Ellbogen-Stück ansetzen.

10. Ein weiteres 25 cm langes Stück Rohr zuschneiden und auf den Ellbogen setzen.

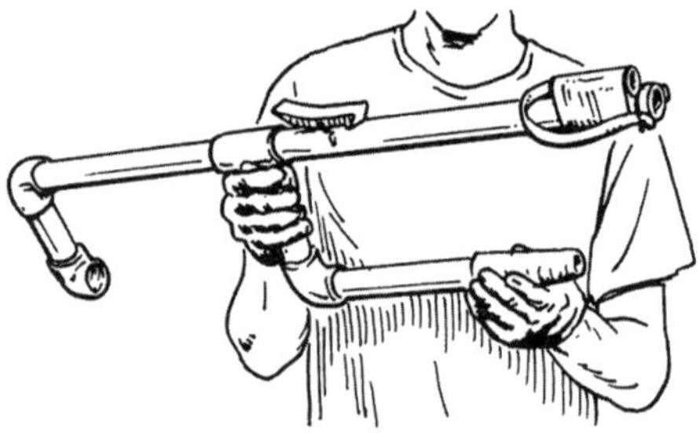

11. Bei einer langen Garnspule der Länge nach durch das Garn schneiden und den Plastikkegel innen herausnehmen. Diesen auf das Ende des 25 cm langen Rohrs stecken. Ein Loch in den Kegel und das Kunststoffrohr bohren und mit einem stumpfen Nagel beides verbinden.

12. Für den restlichen Rahmen der Waffe ein weiteres 12,5 cm langes Rohr in das andere T-Stück stecken. Ein weiteres Ellbogenstück aufsetzen, gefolgt von einem nach unten geführten, kurzen, 12,5 cm langen Rohrstück und einem weiteren Ellbogen.

13. Von der Nylonschnur rund 10 Meter abmessen. Ein Ende der Schnur mit Klebeband am Enterhaken befestigen.

AUF'S DETAIL KOMMT'S AN: Unbedingt darauf achten, dass die Abzugskerbe nicht abgedeckt ist!

14. In den Kunststoffkegel noch ein Loch bohren. Das andere Ende der Schnur einfädeln und festknoten.

15. Die Schnur um den Kegel wickeln.

16. Den Enterhaken durch das 1,25 cm lange Rohr schieben, am Abzug einhaken, den Abzug lösen und zusehen, wie der Haken davonschießt.

PROFI-TIPP: Den Gummischlauch noch etwas justieren, damit die Spannung wirklich optimal ist.

FUN FACT: Enterhaken sind Werkzeuge, die von Kampfpionieren eingesetzt werden. Nachdem der Haken nach vorn abgeschossen wird, können die Pioniere Stolperdraht absetzen, indem sie den Haken zurückziehen.

Das Gewehr mag zwar etwas groß sein, aber es ist sicherlich eine gelungene Ergänzung in deinem Arsenal an selbst gebauten Waffen!

Eine Flüssigkeit, die von Magneten angezogen wird? Hört sich seltsam an ... und genau deshalb probieren wir es aus!

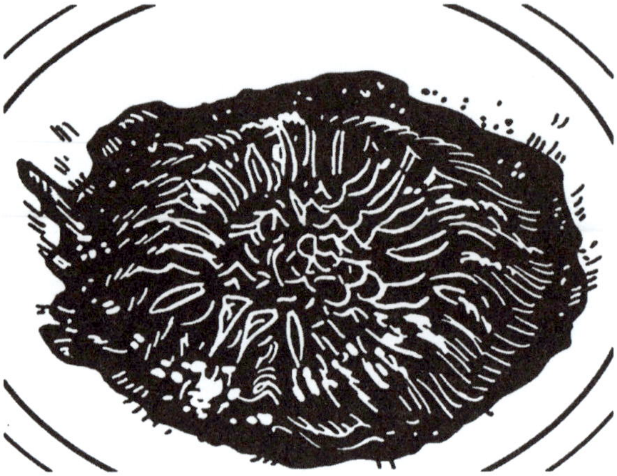

FERROFLUID

38

SICHERHEIT

+ Gefährliche Flüssigkeiten

SCHWIERIGKEIT

DAUER

15 Minuten

MATERIAL

+ Plastiktasse
+ Teller
+ Synthetisches Eisenoxidschwarz
+ Magnetisches Motoröl
+ Magnet

LOS GEHT'S

1. Einige Milliliter Motoröl in einen Plastikbecher füllen.

2. Die gleiche Menge an Eisenoxidschwarz hinzugeben und umrühren, bis die Masse dickflüssig ist.

3. Die Flüssigkeit auf einen Teller gießen.

4. Den Magnet unter den Teller legen.

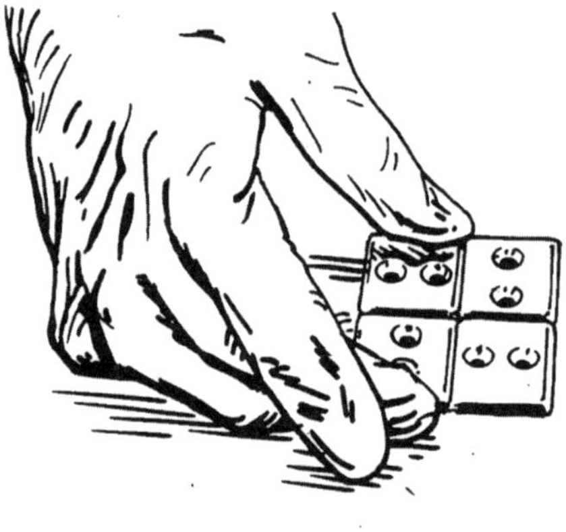

5. Die Flüssigkeit sollte reagieren und es sollten sich verschiedene Formen zeigen.

WAS IST DAS? Die Grundidee ist, dass die Flüssigkeit von einem Magnetfeld angezogen wird. Ferrofluide benötigen drei Hauptbestandteile: ein lösliches magnetisches Pulver; eine Flüssigkeit, in der das Pulver aufgelöst werden kann und das an mikroskopisch kleinen Teilchen haften bleibt; sowie ein Tensid (oberflächenaktives Mittel). Alle drei Elemente sind notwendig, damit Ferrofluide bestmöglich reagieren!

PROFI-TIPP: Wenn sich das schwarze Oxid von dem Öl trennen sollte, die Mischung nochmals andicken und dann den Magnet nochmals darunter halten.

VERSUCHE ES SELBST: Jetzt kommt der Teil, der wirklich Spaß macht! Nimm einige Magnete zur Hand und schau, was passiert. Unterschiedliche Magnetstärken führen zu unterschiedlichen Flüssigkeitsformen und -größen. Wenn der Magnet zu stark ist, dann zieht er direkt das Magnetpulver aus dem Öl, aber probier's einfach aus! Experimentiere mit deiner Substanz. Bewege sie, lass sie herumtanzen oder schau dir an, was passiert, wenn du sie mit flüssigem Stickstoff einfrierst. Der Stoff mag ziemlich unheimlich aussehen … aber er ist auf jeden Fall ziemlich cool.

Vergeude deine Marshmallows nicht nur zum Grillen oder in der heißen Schokolade! Marshmallows sind auch eine neue Art der Munition!

MARSHMALLOW-SHOOTER

39

SICHERHEIT

+ Säge oder scharfe Klinge; nur Marshmallows als Munition verwenden und nicht auf Menschen oder Tiere zielen

SCHWIERIGKEIT

DAUER

45 Minuten

MATERIAL

+ Langes Kunststoffrohr, ø 1,25 cm + T-Stücke und Ellbogen, ø 1,25 cm
+ Mini-Marshmallows
+ Bügelsäge

LOS GEHT'S

1. Das Kunststoffrohr in unterschiedliche Längen schneiden:
1x 20 cm
3x 12,5 cm
2x 7,5 cm

PROFI-TIPP: Zum Zuschneiden des Kunststoffrohrs kannst du jede Art von Säge benutzen (wie etwa eine Bügelsäge). Am saubersten werden die Schnitte mit einem Kunststoffschneider.

2. Mit dem T-Stück das 20 cm lange Rohr mit einem 12,5 cm langen Rohr verbinden.

PROFI-TIPP: Wenn du die Rohre miteinander verbindest, achte darauf, dass sie von innen sauber und ganz glatt sind. Die Marshmallows werden durch Schwerkraft eingespeist und sollten möglichst leicht durch die Schusswaffe hindurchgehen.

3. Mit einem weiteren T-Stück das 12,5 cm lange Rohr mit dem 7,5 cm langen Rohr verbinden.

4. Die anderen zwei 12,5 cm langen Rohre an die unteren Öffnungen der T-Stücke setzen.

5. An das 7,5 cm lange Rohr einen Ellbogen setzen und daran ein weiteres 7,5 cm langes Rohr anschließen.

6. Einen weiteren Ellbogen an das letzte 7,5 cm lange Rohr setzen.

VERSUCHE AUCH: Mit einem spitz zulaufenden Bohrer die Rohre weiten und darauf achten, dass die Öffnung groß genug ist.

Fertig zum Schießen! Leg die Marshmallows in die Ellbogenöffnung und puste kräftig. Die Marshmallows werden jetzt herausschießen.

PROFI-TIPP: Du wirst feststellen, dass es keine genormten Marshmallow-Größen gibt. Wähl am besten die kleineren Marshmallows aus, denn sie gehen mühelos durch alle Kurven und Biegungen hindurch.

ES GEHT NOCH BESSER: Eine Marshmallow-Schusswaffe kann immer noch weiter perfektioniert werden. Werde selbst kreativ und gestalte deine Rohre, damit die Schusswaffe schnittig aussieht und sich gut schießen lässt.

TEIL 3

ANSPRUCHSVOLLE PROJEKTE

Wenn du deinen Marshmallow-Shooter noch perfektionieren willst, dann kommt nun ein Projekt, bei dem du ihn zu einer Halbautomatikwaffe umbauen kannst.

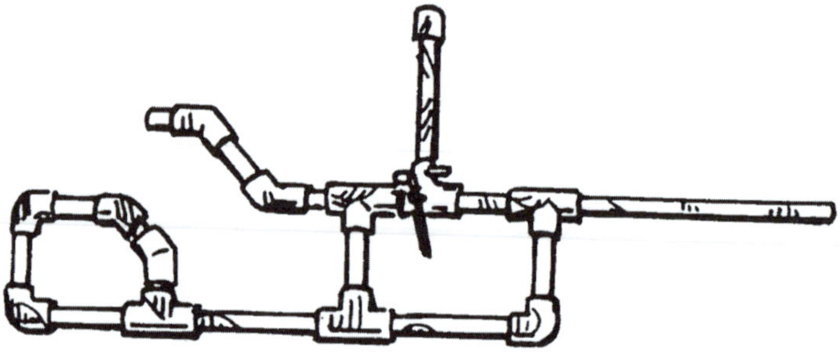

HALBAUTOMATISCHER MARSHMALLOW-SHOOTER

40

SCHWIERIGKEIT

DAUER

3 Stunden

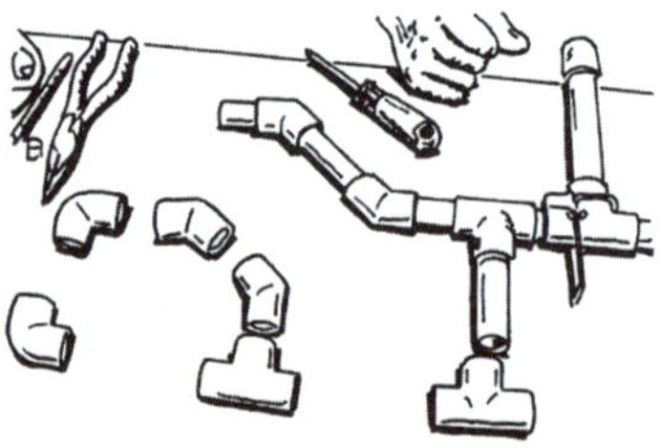

MATERIAL

+ Marshmallow-Shooter (Projekt 39, Seite 196)
+ Kunststoffrohrschneider
+ 2 45-Grad-Kunststoffrohre
+ 1 Kunststoff-Rohrkappe
+ 1 Kunststoff-T-Stück
+ Bohreraufsatz, ø 1 cm
+ Holzdübel, ø 1 cm
+ Drahtbügel
+ 4 kleine Schrauben (Kreuzschlitz, ø 3,5 mm x 1 cm lang)
+ Schleifpapier

PROFI-TIPP: Du benötigst insgesamt zwei T-Stücke, wenn du eine Schulterstütze bauen möchtest.

PROFI-TIPP: Für eine zusätzliche Schulterstütze benötigst du insgesamt sechs 45-Grad-Kunststoffstücke.

LOS GEHT'S

UMBAU DES ORIGINALEN MARSHMALLOW-SHOOTERS

1. Die Original-Puste-Öffnung umbauen: Das 90-Grad-Rohrstück durch zwei 45-Grad-Rohstücke ersetzen.

DAS MAGAZIN BAUEN

1. Den Korpus des Shooters in der Hälfte durchschneiden und ein T-Stück dazwischensetzen.

2. Ein Kunststoffrohr zuschneiden und oben in das T-Stück setzen.

3. Den Shooter-Körper mit dem T-Stück verbinden und die Kappe oben auf das neue Kunststoffrohr-Magazin setzen.

PROFI-TIPP: Mit einem spitz zulaufenden Bohrer das Kunststoffrohr-Magazin weiten, damit die Marshmallows problemlos hindurchpassen.

DEN STOPP EINBAUEN

1. Mit einem Bohreraufsatz, der so groß wie der Holzdübel ist, in das T-Stück bohren, während es mit dem Magazin verbunden ist. Darauf achten, dass die Löcher auf einer Linie liegen.

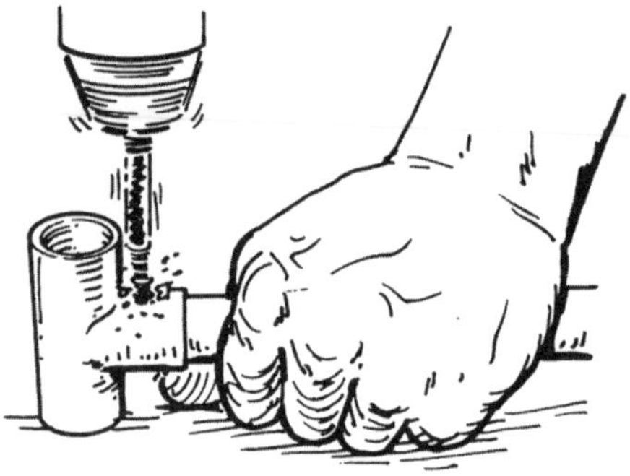

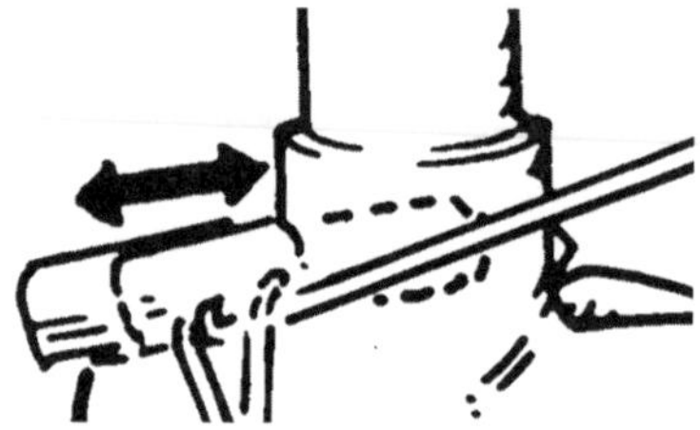

2. Den Holzstab auf eine Länge von 3,8 cm zuschneiden.

3. Diesen Holzstift mit Schleifpapier an einer Seite leicht abrunden.

4. Den Holzstift in das Loch im Magazin stecken. Er verhindert, dass die Marshmallows einfach so durch das Rohr fallen.

DEN MECHANISMUS BAUEN

1. Mit einem Bohrer, der den gleichen Durchmesser wie der Drahtbügel hat, ein Loch durch den Holzstift bohren.

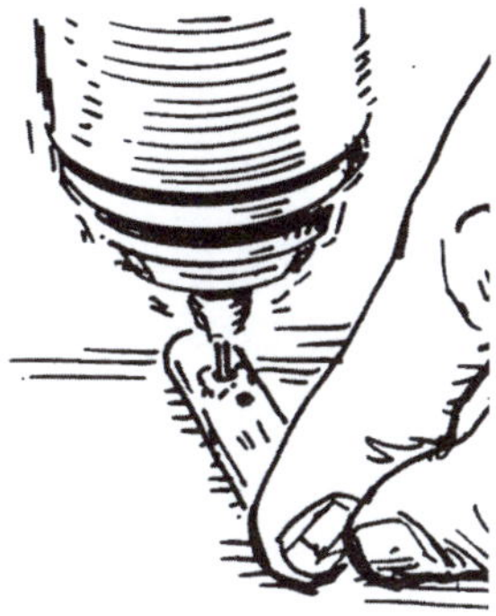

PROFI-TIPP: Wird der Drahtbügel in den Holzdübel gesteckt, sollte er so locker sitzen, dass sich der Stift noch bewegen lässt, aber wiederum auch nicht so locker, dass der Stift zu viel „Spiel" hat.

2. Den Draht durch den Holzdübel führen: Dazu vor dem Loch ein 7,5 cm langes, gerades Stück Draht überstehen lassen, den Draht durch den Dübel und dann neben dem Kunststoffrohr her nach unten führen. Dort im 90-Grad-Winkel biegen und ein gerades Stück parallel zum oberen Drahtstück laufen lassen. Den Draht erneut im 90-Grad-Winkel biegen und wieder nach oben führen.

3. Den Draht so biegen, dass er rechte Winkel bildet, die an der Seite des Rohrs bündig abschließen. So bildet er eine Art Rechteck unter dem Rohr (siehe Abbildung unten rechts).

4. Den nach oben gebogenen Draht nochmals biegen, sodass er durch den Holzdübel geführt werden kann – und zwar nur einige Millimeter neben dem ersten Drahtstück (siehe Abbildung unten links).

5. In den Holzdübel ein zweites Loch bohren, das nur einige Millimeter unter dem ersten liegt. Den Draht hindurchführen. Das herausstehende Drahtende abschneiden, aber das andere Drahtende 7,5 cm überstehen lassen.

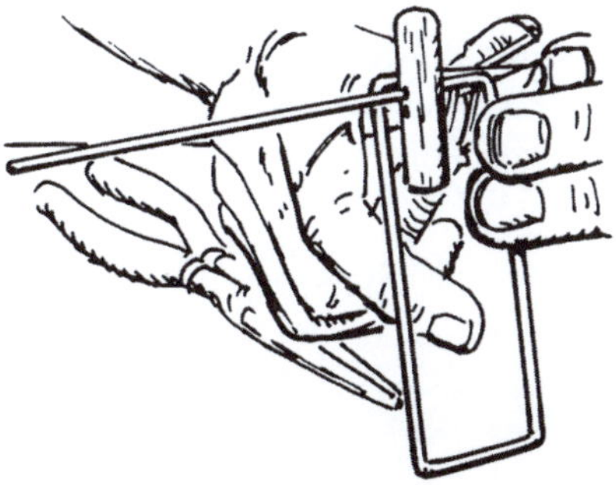

DIE VERRIEGELUNG BAUEN

1. Mit dem Bohrer insgesamt vier Löcher (zwei auf jeder Seite) für die kurzen Schrauben bohren. Auf jeder Seite des nach unten geführten Drahts dabei jeweils zwei Löcher bohren. Diese liegen so dicht nebeneinander, dass der Draht zwischen den beiden hindurchgeführt werden kann.

2. Mit dem 7,5 cm überstehenden Draht den Holzdübel bewegen und den Abzug testen. Der Holzdübel sollte sich ganz aus dem Rohr drücken lassen.

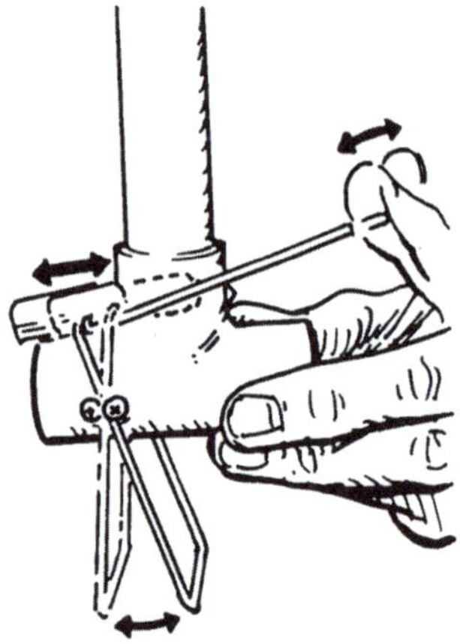

3. Während der Abzug gespannt ist, den 7,5 cm langen Draht einmal rund um das obere Ende des T-Stücks biegen, sodass er einen Haken bildet.

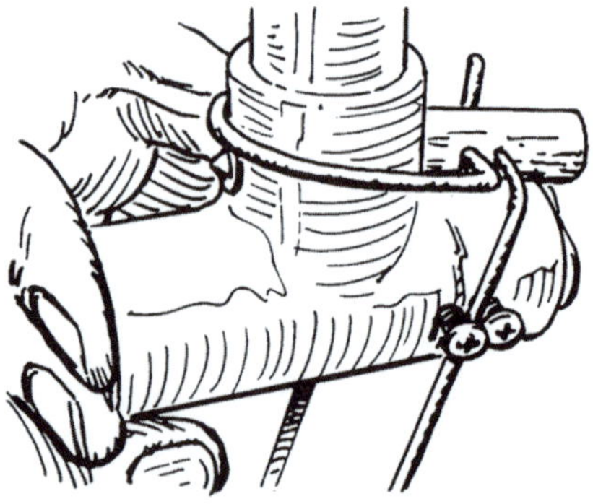

FERTIGSTELLUNG

Diesen halbautomatischen Mechanismus kannst du nun in die Waffe einbauen. Dann hältst du eine halbautomatische Schusswaffe in Händen, mit der du Marshmallows schießen kannst.

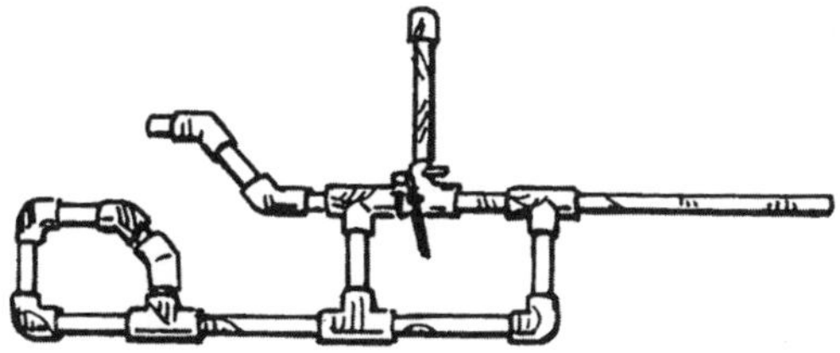

PROFI-TIPP: Bau aus vier 45-Grad-Rohrstücken und zwei T-Rohrstücken noch eine Schulterstütze.

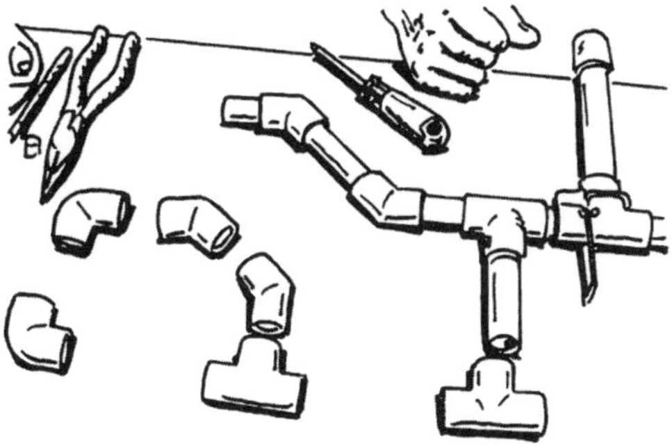

Puff macht die Kanone! Egal, wie du sie nun nennst, ob Rauchring-Geschoss, Luftwirbelkanone oder Airzooka – dieses großartige Spielzeug kann auch feste Ziele abschießen, Trockeneis aufsaugen und abfeuern und riesige Regenbogen-Luft-Ringe mit einer Reichweite von zehn Metern abfeuern.

RAUCH-KANONE

41

SICHERHEIT

+ Scharfe Gegenstände

SCHWIERIGKEIT

DAUER

2 Stunden

MATERIAL

+ Plastikeimer (ohne Ausguss am Rand)
+ Holzlatte
+ Bohrer
+ Säge
+ 3 Schrauben, ø 5,5 cm, 2,5 cm lang sowie passende Muttern
+ Transparenter Duschvorhang
+ Transparentes Packband
+ Nylonschraube und -mutter
+ Bungee-Seil (mit Tropfen am Ende)
+ Sprühfarbe
+ Große Plastik-Trinkflasche
+ Universalmesser
+ Zange

LOS GEHT'S

DEN EIMER VORBEREITEN

1. Mit einem Universalmesser aus dem Boden des Eimers einen Kreis ausschneiden und einen etwa 3,8 cm breiten Rand stehen lassen.

2. Hat der Eimer einen Tragegriff, diesen abschneiden. Die Holzlatte neben den Eimer stellen und die Stütze für den Griff je nach Höhe des Eimers abmessen. Die Latte entsprechend zuschneiden.

3. Die zugeschnittene Stütze für den Griff neben den Eimer stellen. Mit einem Filzstift drei Punkte markieren: etwas unterhalb von der oberen Kante, in der Mitte und etwas oberhalb vom unteren Rand. An diesen Stellen Löcher durch das Holz und den Eimer bohren.

4. Das restliche Lattenstück hochkant gegen die gerade zugeschnittene und durchbohrte Hälfte setzen. Die Länge des Griffs abmessen. Das Stück entsprechend zuschneiden.

5. Zwei Löcher durch die Stütze in den Griff bohren. Beide Teile verschrauben.

PROFI-TIPP: Den Griff mit Schleifpapier etwas glätten.
So liegt er später angenehmer in der Hand.

6. Mit dem Universalmesser von einer leeren großen Plastik-Trinkflasche oben 5 cm abschneiden. Einen Nagel an der Spitze mit der Zange halten und mit einem Feuerzeug den Kopf erhitzen. Mit dem noch heißen Nagelkopf ein kleines Loch unterhalb des Flaschenhalses brennen. Ein zweites Loch genau auf der anderen Seite einbrennen.

7. Mit einem Filzstift auf dem Eimer zwei Punkte an den gegenüberliegenden Seiten knapp über dem Boden markieren. Den Nagel nochmals erhitzen und an den markierten zwei Punkten Löcher einbrennen.

PROFI-TIPP: Wird das Loch eingebrannt und nicht gebohrt, verstärkt das geschmolzene Plastik das Loch zusätzlich.

KONSTRUKTION EINER PLASTIKMEMBRAN

1. Den Plastikduschvorhang ausbreiten. Das ausgeschnittene Oberteil der Plastikflasche in die Mitte des Vorhangs legen und den Umriss mit einem Filzstift nachzeichnen. Das Flaschenteil nun unter den Vorhang und genau unter den markierten Kreis setzen. Den Flaschenverschluss von oben zudrehen, sodass das Plastik am Flaschenteil befestigt ist.

2. Den Eimer mittig unter den Plastikvorhang setzen. Das obere Flaschenteil und den Plastikvorhang bis zur Hälfte in den Eimer drücken. Dabei sollte der Flaschenverschluss nach oben zeigen. Die Stelle markieren, an der das Plastik an den oberen Rand des Eimers stößt.

3. Den Plastikvorhang herausnehmen und die Entfernung von der Flasche zur gerade aufgezeichneten Markierung messen. Nun die gleiche Entfernung rund um die Flasche abmessen. Die Markierungen zu einem durchgehenden Kreis verbinden.

4. Den gesamten inneren Kreis mit Packband abkleben. Nachdem der gesamte Kreis abgeklebt ist, diesen an der zuvor aufgezeichneten Linie zuschneiden. Dann die Flasche wieder unter das Plastik in die Mitte setzen und mit der Verschlusskappe befestigen.

5. Ein Loch durch Flaschenkappe und Plastik bohren.

PROFI-TIPP: Wenn es im örtlichen Baumarkt keine Nylonschrauben gibt, dann nimm stattdessen das Scharnier eines Toilettensitzes. Auch Metallschraube und -mutter funktionieren.

6. Vom Bungee-Seil die Plastikkugel abschneiden und das Seil für später beiseitelegen.

7. Die Nylonschraube erst durch die Öffnung der Kugel und dann durch die Öffnung in der Flaschenverschlusskappe stecken. Die Mutter auf die Schraube setzen und festdrehen.

Bevor alle Teile zusammengesetzt werden, die „Kanone" in einer beliebigen Farbe ansprühen, dabei aber die Plastikplane aussparen.

ZUSAMMENSETZEN

1. Die Flaschenverschlusskappe mittig in den Eimer setzen. Den Rand der Plastikplane mit einem Stück Klebeband an den Eimerrand kleben.

2. Direkt gegenüber ein zweites Stück Klebeband kleben. Die nächsten zwei Stücke im 90-Grad-Winkel dazu aufkleben. Zwischen diesen vier Ecken die Plane auffächern, damit sie flach am Rand aufliegt. Den Rest des Randes nun ebenfalls mit Klebeband bekleben, sodass die ganze Plastikplane rundherum am Eimer befestigt ist.

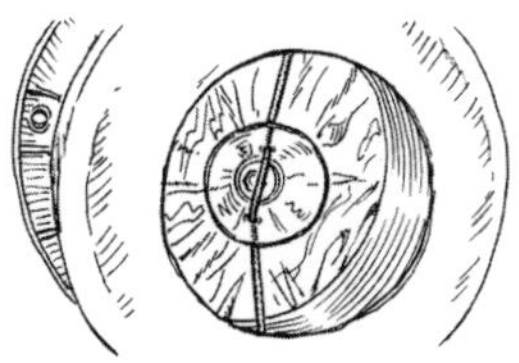

3. Nun muss nur noch der flexible Griff befestigt werden. Dazu das Bungee-Seil durch eines der Löcher nach innen in den Eimer, weiter durch die beiden Löcher am oberen Flaschenverschluss und dann wieder durch das gegenüberliegende Eimerloch nach außen führen.

4. Das Bungee-Seil an der Stelle markieren, an der es aus dem Einer kommt. Das Seil lang hinlegen und an der Markierung einen Überhandknoten machen.

5. Den Griff mit der Stütze an den Eimer stellen, sodass die gebohrten Löcher übereinanderliegen. Drei Schrauben in die gebohrten Löcher setzen und von innen mit den Muttern verschrauben. Mit einem Schraubenzieher fest anziehen.

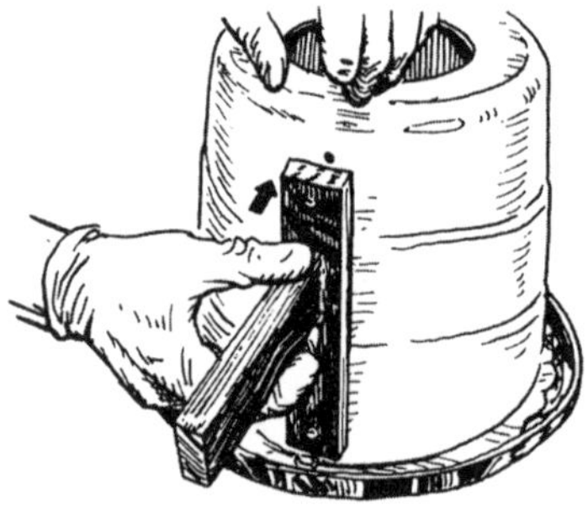

DIE RAUCHRING-KANONE IN AKTION

Die Öffnung des Eimers auf das Ziel richten, die Plastikplane an der Flaschenverschlusskappe nach hinten ziehen und los! Während die Luft vorn aus der Kanone gedrückt wird, bewegt sich die Luft in der Mitte schneller als die Luft an den Seiten und bildet so einen Ring. Bau eine Pyramide aus Pappbechern auf, um sie abzuschießen. Oder experimentiere mit Trockeneis.

Du kannst bestimmte Ziele treffen, über eine größere Entfernung schießen oder einfach nur mit deinen Freunden oder deiner Familie herumspielen. Schließlich ist es nur Luft. Mit diesem coolen Gerät kannst du nichts falsch machen!

FUN FACT: Diese Geschosse werden in verschiedenen Größen gebaut. Die größte Luftkanone, die jemals gebaut wurde, stammt aus Tschechien. Sie traf eine Pappkartonmauer in 100 Metern Entfernung.

Du suchst nach einem handwerklich anspruchsvollen Projekt, das dennoch künstlerisch ambitioniert ist? Dazu benötigst du Sand und Gips, um eine einfache Gießerei zu bauen, die Altmetall in Sekunden zum Schmelzen bringt, aber immer noch dekorativ aussieht. Niemand wird darauf kommen, dass sich unter der Zimmerpflanze in Wirklichkeit eine selbst gebaute Gießerei versteckt!

MINI METALL-GIEßEREI

42

SICHERHEIT

+ Augenschutz
+ FEUERWARNUNG: Die Mini-Gießerei wird innen so heiß, dass Plastikflaschen in Sekunden schmelzen. Sei also extrem vorsichtig.

SCHWIERIGKEIT

DAUER

4 Stunden

MATERIAL

+ 1 Sack Sandkastensand (10–12 kg)
+ 1 Sack Gips (10–12 kg)
+ Eimer
  2,5-Liter-Plastikeimer
  5-Liter-Plastikeimer mit breiter Öffnung
  10-Liter-Stahleimer
+ Stahlwolle
+ Plastiktischdecke
+ Bügelsäge und Schraubstock
+ 1 Metallrohr, ø 2,5 cm, 30 cm lang
+ 1 Kunststoff-Verbindungsstück, ø 2,5 cm (glattes Ende und Ende mit Gewinde)
+ 1 Kunststoffrohr,ø 2,5 cm
+ 2 U-Bolzen, 10 cm lang
+ Sprühfarbe
+ Holzkohlebriketts
+ Wasserpumpenzange
+ Lochsäge, ø 3,5 cm
+ Lochsäge, ø 7,5 cm
+ Haarföhn

LOS GEHT'S

SAND-GIPS-MASSE ANRÜHREN

1. Den Stahleimer vorbereiten und mit Stahlwolle auslegen. Die Arbeitsfläche mit der Plastiktischdecke auslegen.

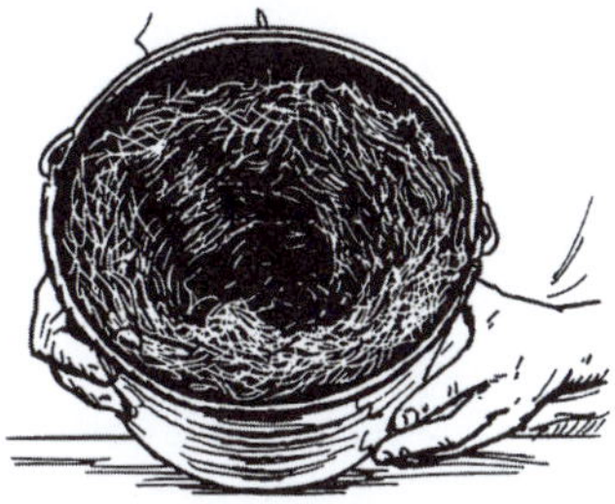

2. Den 2,5-Liter-Eimer als Maß verwenden, um ¾ Eimer Gips, 1¾ Eimer Sand und 1¼ Eimer Wasser zu mischen. Sobald das Wasser auf die trockene Mischung gegossen wird, bleiben noch etwa 15 Minuten, bevor die Masse fest wird. Deshalb sofort mit den Händen alles gut mischen.

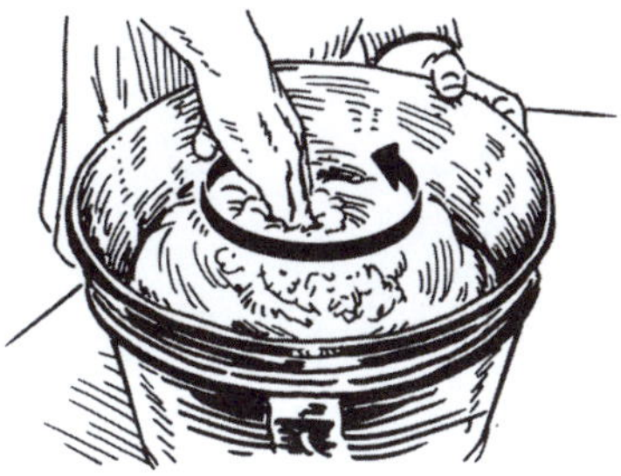

3. Die Gipsmischung in den zuvor mit Stahlwolle ausgelegten Stahleimer füllen. Am besten die Mischung sehr langsam hineingießen, damit möglichst wenig spritzt. Die Mischung sollte bis 7,5 cm unter den Rand gehen.

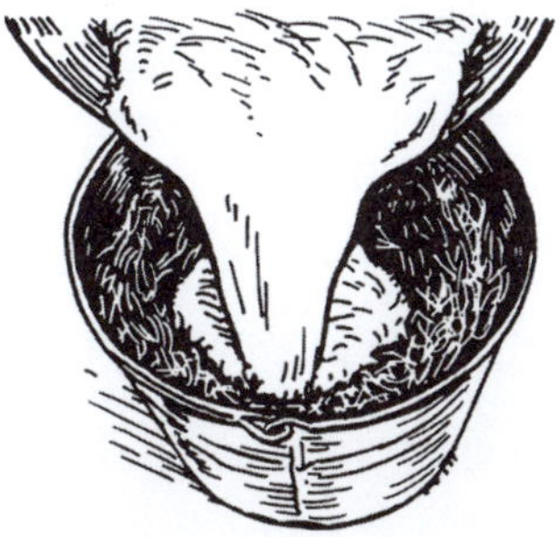

4. Den kleinsten Plastikeimer zum Formen der Gießerei benutzen. Den Eimer mit Wasser füllen und den beschwerten Eimer langsam in die Mitte des Stahleimers in die Gipsmischung drücken. Die Mischung wird dabei etwas herausgedrückt, sollte aber nicht über den Rand laufen. Etwa 2–3 Minuten herunterdrücken, bis die Mischung ein wenig fest wird.

5. Mit Küchenpapier und etwas Wasser den Rand am Eimer säubern. Die Mischung noch 1 Stunde fest werden lassen.

6. Das Wasser aus dem Messeimer abschütten. Mit der Wasserpumpenzange den Rand des Eimers zur Mitte ziehen. Die Zange mit beiden Händen greifen und den Eimer eindrehen. Dadurch sollte sich der ganze Eimer herausziehen lassen. Zurück bleibt ein schönes glattes Loch in der Mitte des Stahleimers.

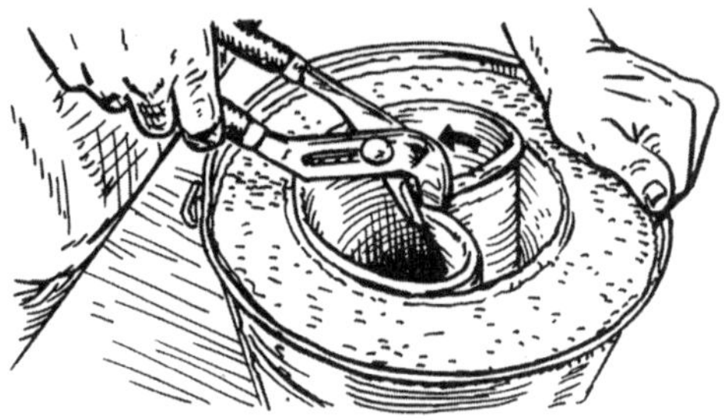

LUFTZUFUHR UND DECKEL INSTALLIEREN

1. Den Bohrer mit der 35-mm-Lochsäge auf der oberen Hälfte des Eimers ansetzen (siehe Abbildung). Sobald er den Stahl durchschnitten hat, mit der Lochsäge im 30-Grad-Winkel weiterbohren. Sie sollte leicht durch die Gipsmischung gehen, da diese noch nicht vollständig gehärtet ist.

PROFI-TIPP: Das Loch soll am Rand fest sein und schräg nach unten zeigen. Wenn der Schmelztopf nicht sauber gearbeitet wird, dann wird das geschmolzene Metall im Schmelztopf bleiben und nicht sauber herauskommen.

2. Für das Blasrohr das 2,5-cm-Stahlrohr und das Kunststoffrohr mit Hilfe des Kunststoff-Verbindungsstücks verbinden. Das Gewinde in das Stahlrohr festdrehen und das Kunststoffrohr auf die andere glatte Seite des Verbindungsstücks drücken. Daran denken, dass nur das Stahlrohr in den Schmelztiegel eingeführt wird.

DEN SCHMELZTIEGELDECKEL BAUEN

Der Deckel dient gleichzeitig als Lüftungsöffnung. So kannst du Metall schmelzen, ohne den Deckel abzunehmen.

1. Den breiten Plastikeimer mit 10 Tassen Gips, 10 Tassen Sand und 7 Tassen Wasser füllen und alles glatt verrühren.

2. Nun zwei 10 cm lange U-Bolzen parallel zueinander in die Mischung stellen. Eventuell noch als Maß eine Dose mit 7,5 cm Durchmesser in die Mitte der Gipsmischung stellen. So entsteht eine Entlüftung für den Beginn des Schmelzvorganges. Alternativ mit einer 7,5-cm-Lochsäge das Loch direkt in die Mitte bohren.

3. Etwa eine Stunde warten, bis der Gips fest geworden ist, und dann den Deckel aus dem Eimer nehmen.

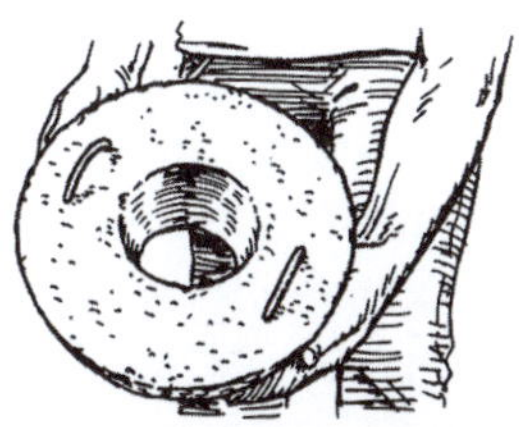

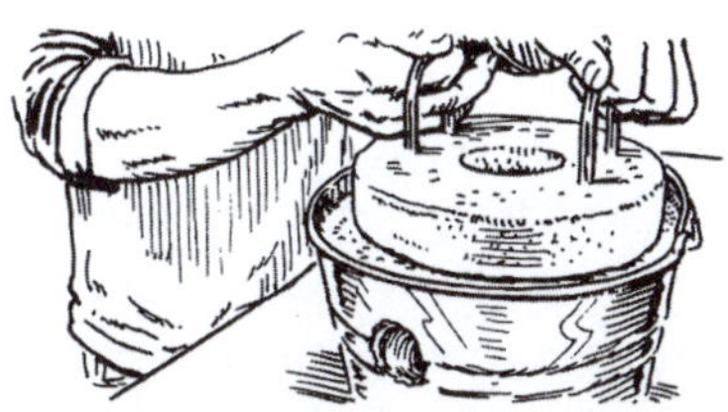

PROFI-TIPP: Du kannst deine Mini-Gießerei mit Sprühfarbe individuell gestalten. Brüniertes bernsteinfarbenes Rust-Oleum zaubert eine dekorative Note auf den Stahleimer. Aber auch eine andere antik wirkende Farbe ist prima. Ganz nach deinem Geschmack!

DEN SCHMELZTIEGEL BAUEN

ES WIRD HEISS! Ein alter Feuerlöscher aus Metall kann leicht zu einem Schmelztiegel umfunktioniert werden, um zu demonstrieren, dass dieses Projekt auch in einer apokalyptischen Situation gebaut werden kann – doch das ist nicht die einzige Möglichkeit. Du kannst ebenso gut für knapp 20 Euro einen ausgezeichneten Ton-Granit-Schmelztiegel kaufen.

1. Wenn du dich dafür entscheidest, einen ausrangierten Feuerlöscher aus Metall zu verwenden, dann kontrolliere vorher, ob ein Magnet an der Außenseite haften bleibt. Wenn nicht, dann ist der Feuerlöscher nur aus Aluminium und für unseren Zweck wenig geeignet.

2. Das Ventil oben am Feuerlöscher abschrauben und den Druck ablassen. Den Zylinder in den Schraubstock spannen und ihn mit der Bügelsäge in der Mitte durchschneiden. Das Unterteil ist nun eine Stahltasse – 7,5 cm im Durchmesser und 12,5 cm hoch.

DIE GIEßEREI IM PRAXISTEST

1. Mit Klebeband einen Föhn am Ende des Blasrohres befestigen. Dieser versorgt die Flammen mit Luft.

2. Holzkohle-Briketts in die Gießerei einfüllen und anzünden.

WARNUNG:

Mit spezieller Grillholzkohle brennt die Kohle bei niedrigen Temperaturen langsamer. Soll die Temperatur also höher sein, dann verwendest du am besten ein Stück Grillkohle. Das ist im Prinzip nichts anderes als pyrolisiertes Holz. Grillkohle gibt einen Funkenregen ab, deshalb ist das Tragen von langen Ärmeln und Handschuhen empfehlenswert. Stell den Föhn am besten auf eine niedrige Stufe ein, denn schließlich muss nicht zu viel Luft zugeführt werden, um die gleichen Temperaturen zu erreichen.

3. Die Mini-Gießerei hat schnell eine Temperatur von 1 000 °C erreicht. Das ist heiß genug, um nicht nur Aluminium zum Schmelzen zu bringen, sondern auch Kupfer, Silber und Gold. Versuch auch, Softdrink-Dosen und Altmetall zu schmelzen. Du kannst die Gießerei zusätzlich als Schmiede nutzen. Und selbst Würstchen für Hotdogs lassen sich darauf grillen – schließlich wird mit Holzkohle geheizt.

PROFI-TIPP: Wenn du den Föhn ausstellst, solltest du auch das Rohr aus der Metallgießerei ziehen. Wenn du nämlich das Rohr stecken lässt, ohne dass der Föhn Luft hineinbläst, steigt die Temperatur und lässt den Föhn schmelzen.

Du besitzt nun eine selbst gebaute Mini-Metall-Gießerei, die unglaubliche Temperaturen erreichen kann. Wenn sie nicht benutzt wird, setzt du einfach eine Topfpflanze hinein, und so wird aus der Gießerei im Handumdrehen eine Dekoration für Haus oder Terrasse. Du musst aber bedenken, dass es sich hier um ein Einsteiger-Modell handelt. Wenn du das Ganze professioneller angehen willst, empfehle ich, in vernünftige feuerfeste Materialien zu investieren.

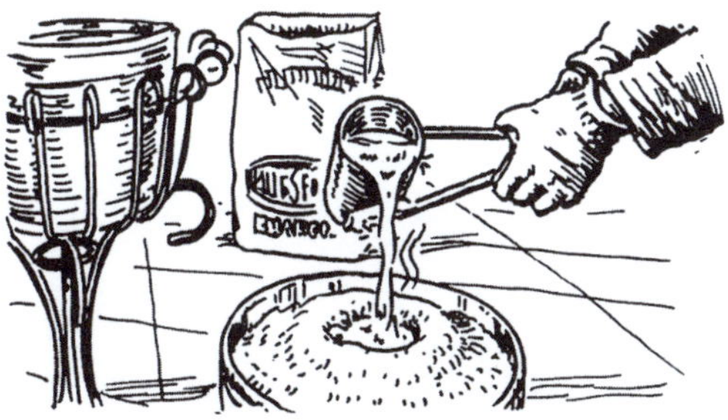

FUN FACT: Wenn du mit einer Zeitmaschine zurück in das Mesopotamien des Jahres 3200 v. Chr. reisen könntest, dann würden dir dort die ersten Metallgussteile begegnen. Zurück ins Heute: Inzwischen ist der Metallguss in den USA zu einer 33-Milliarden-Dollar-Industrie herangewachsen, wobei 90 Prozent alle hergestellten Produkte Metallgussteile enthalten.

Es sieht so einfach aus ... ist aber ganz schön verwirrend, oder? Nun, und genau das soll es auch sein! Diese lackierte Puzzlebox mag auf den ersten Blick simpel erscheinen, aber es steckt viel mehr dahinter!

PUZZLEBOX

43

SICHERHEIT

+ Scharfe Gegenstände

SCHWIERIGKEIT

DAUER

2 Stunden

MATERIAL

+ 20 Farb-Rührhölzer
+ Heißkleber
+ Zahnstocher
+ Kleiner Holzstift
+ 2 kleine Magnete
+ 1 Nagel und 1 kleine Schraube
+ Rosskastanien-Holzbeize
+ Klarlack für Holz
+ Säge
+ Schleifpapier
+ Vorschlaghammer
+ Bügelsäge

LOS GEHT'S

RÜHRHÖLZER ZUSCHNEIDEN

1. Die Farb-Rührhölzer auf folgende Größen abmessen, zuschneiden und abschmirgeln:

+ 5x 21,5 cm	**+ 4x 7,5 cm**
+ 2x 19 cm	**+ 5x 6,35 cm**
+ 2x 16,5 cm	**+ 9x 3,5 cm**
+ 1x 12,5 cm	**+ 1x 2,85 cm**
+ 8x 9,5 cm	**+ 1x 2,5 cm**

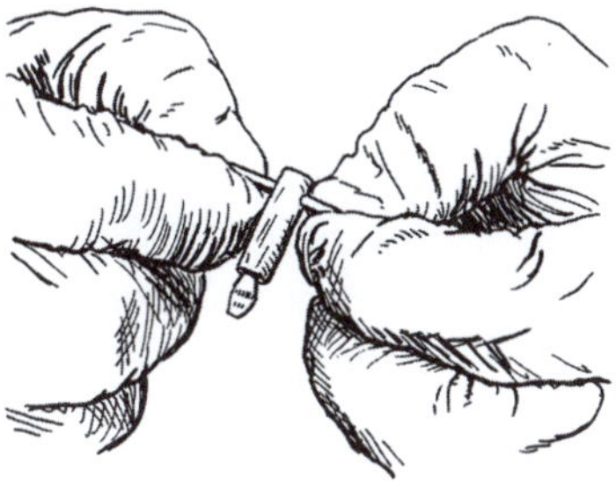

DEN ARRETIERSTIFT BAUEN

1. Den Kopf des Nagels mit dem Hammer flach schlagen.

PROFI-TIPP: Mit einem Bandschleifer lassen sich die zugeschnittenen Teile einfacher und professioneller glätten. Du kannst die flach gehämmerte Nagelspitze schleifen, sodass sie einem improvisierten Schlitzschraubenzieher ähnelt.

2. Mit der Bügelsäge 1,25 cm von der Nagelspitze abschneiden.

3. Eine Bohrspitze wählen, die dem Durchmesser des Nagels entspricht. Den Holzstift senkrecht in den Schraubstock spannen und ein 1,25 cm tiefes Loch gerade in die Mitte bohren.

4. Mit Heißkleber oder Sekundenkleber den modifizierten „Schlitzschraubenzieher" in den Holzstift setzen, wobei das abgeflachte Ende herausschaut.

5. Mit einem Bohrer in Zahnstocherdicke etwa 1,25 cm vom Ende ein Loch durch den Holzstift bohren. Den Zahnstocher bis zur Mitte durch das Loch drücken. Den Zahnstocher am Loch festkleben und die Enden vorsichtig abknicken und die überstehenden Stäbe mit Schleifpapier glätten.

DIE BOX ZUSAMMENBAUEN

Du benötigst folgende Farb-Rührhölzer:

+ 4x 21,5 cm
+ 2x 19 cm

1. Die Farb-Rührhölzer auf ein Blatt Papier legen. Dabei sollten zwei längere rechts und ein kürzeres Holz links daneben liegen.

2. Die drei Hölzer an den Kanten mit Heißkleber verkleben und die Kanten fest zusammendrücken, sodass das kürzere Holzstück an einer Seite bündig mit den anderen beiden abschließt. Mit den anderen drei Hölzern genauso verfahren. Nun hast du zwei Paar von jeweils drei zusammengeklebten Hölzern. Nachdem alle zusammengeklebten Hölzer getrocknet sind, die Ränder glätten. Alle Hölzer so hinlegen, dass die glatte Seite nach oben zeigt. Das werden der Deckel und die Unterseite der Box.

3. Als Nächstes werden die acht Hölzer benötigt, die auf 9,5 cm zugeschnitten wurden. Sie dienen als Umreifung. Unten einen Rand von 1,25 cm aussparen, dann die Hölzer waagerecht über den Deckel und die Unterseite legen (jeweils vier auf jeder Platte). Die restlichen Rührhölzer können dir dabei als Abstandhalter zwischen den Hölzern dienen, achte deswegen darauf, dass auch nur die acht zugeschnittenen Hölzer festgeklebt werden. Den Kleber trocknen lassen und die Abstandhölzer abnehmen.

Nun sind jeweils vier Hölzer auf dem Deckel und der Unterseite befestigt.

4. Die weniger schöne Holzplatte auswählen und diese mit den Holzstreben nach unten auf die Arbeitsfläche legen. Sie wird die Unterseite der Box.

5. Nun mit dem letzten 21,5 cm langen Holz eine Seite konstruieren. Dazu Heißkleber an der Seite der Bodenplatte auftragen und das Holz auf den Rand der Bodenplatte kleben.

6. Mit einem 7,5 cm langen Stück weiterarbeiten, aber vor dem Aufkleben die Maße überprüfen. Wenn dieses Holz gegen die Seitenwand gedrückt wird, sollte es auf der anderen Seite ein kleines Stück vor dem Ende der Platte enden – gerade breit genug, um die zweite Seitenwand aufzukleben. Das 7,5 cm lange Seitenstück nun an die erste aufgeklebte Seitenwand setzen und festkleben.

DIE GEHEIMFÄCHER BAUEN

1. Zunächst ein kleines Fach hinten in die Box bauen. Dazu drei 6,35 cm lange Hölzer zusammenkleben, eines als Boden verwenden und zwei als Seitenwände; diese werden an die äußeren Kanten des Bodens geklebt. Ein 2,85 cm langes Stück wird die Rückwand des Faches. Dieses Fach mit drei Wänden passt perfekt auf das Ende der Bodenplatte, direkt neben die Rückwand. Hinten sollte eine kleine Öffnung für die Magnete bleiben – also das Fach nicht ganz in die Ecke schieben. Vor dem Festkleben kontrollieren, ob die Magnete hineinpassen!

2. Das kleine Fach bündig zur kurzen Rückwand positionieren. Ein 7,5 cm langes Holz als Vorderwand aufkleben, das bündig mit der Seitenwand der Bodenplatte abschließt (siehe Abbildung Seite 224).

3. Für das zweite, größere Geheimfach werden 2x 16,5 cm lange Hölzer für die lange Seitenwände benötigt; 2x 7,5 cm Hölzer für Vorder- und Rückseite; 2x 6,35 cm lange Hölzer als untere Stützen.

Für ein einfaches Rechteck werden die zwei 16,5 cm langen Seitenwandteile an die Hölzer für Vorder- und Rückseite geklebt.

4. Ein dünnes Stück Karton, etwa von einer Cerealien-Packung, als Bodenplatte ausschneiden.

PROFI-TIPP: Achte darauf, dass du die Seitenwände *auf* die Vorder- und Rückseite klebst. Alle Teile solltest du vorher gut abschmirgeln, damit sie in der Box leicht gleiten.

5. Das 6,35 cm lange Holz als Verstärkung flach gegen die Innenwände kleben.

ZUSAMMENSETZEN

1. Das 12,5 cm lange Holz als letzte Seitenwand einkleben.

2. Einen Magnet an die Rückseite des kleinen Fachs kleben und den zweiten Magnet genau an der Wand gegenüber positionieren. Mit zwei *entgegengesetzten* Magneten lässt sich das Fach wie mit einer Feder herausziehen, wenn die Arretierung gelöst ist.

PROFI-TIPP: Falls die Öffnung dahinter zu breit ist, noch einen zweiten Magneten aufkleben.

3. Die Deckelplatte auf den fertigen Unterbau kleben, wobei die aufgeklebten Holzstreben oben liegen. Daran denken, dass es noch eine quadratische Aussparung gibt. Deshalb den Heißkleber an dieser Stelle nicht auftragen, sonst verklebt hier alles. Die aufgeklebte Deckelplatte kann sich vielleicht etwas wölben oder es bleibt noch überschüssiger Kleber. Die Fächer hineinschieben, um zu sehen, ob sie wirklich gut passen.

4. Mit den zwei 2,5 cm langen Quadraten die Aussparungen in der Deckel- und Bodenplatte füllen. Von den Quadraten, die gerade am Fach befestigt wurden, eine Ecke schräg abschneiden, damit sich das Fach leichter herausziehen und hineinschieben lässt.

5. Als Nächstes werden sechs 2,85 cm lange Hölzer benötigt. Diese werden an die Seiten der Box geklebt. Dabei darauf achten, dass zwei Abschnitte für die strategisch platzierten Hölzer frei bleiben. Dies sollten die mittleren linken Abschnitte auf jeder Seite sein.

6. Für den Mechanismus, mit dem die Box sich öffnen lässt, das kleine Fach fest schließen und ein Loch durch die Mitte der Rückwand bohren. Die Schraube wird sich in die Seite des kleinen Fachs bohren und das Fach festsetzen.

7. Mit einem 4,5-mm-Bohrer ein Loch durch die Seite des kleinen Fachs bohren, und zwar knapp an der Nahtstelle, wo das kleine Fach mit dem großen Fach zusammenstößt, sodass es von der strategisch platzierten Strebe anschließend abgedeckt werden kann. Am saubersten wird die Bohrung, wenn alle Teile richtig liegen.

8. Die Box umdrehen. Die noch fehlende Holzstrebe ist hier die zweite von links. Diese mit dem 3,5-cm-Holzquadrat abdecken. Durch die Mitte des Quadrats bohren und dabei drei Schichten durchbohren: das 3,5 cm große Holzquadrat, die Seitenwand der Box und das große Geheimfach.

PROFI-TIPP: Das Loch für die Holzstrebe und das Geheimfach sollten möglichst dicht am Holzstift liegen. Die Löcher, die in die Box führen, können dabei etwas breiter sein. Diese mit dem Bohrer noch etwas verbreitern.

9. Das kleine Fach vollständig aus der Box herausziehen. Ein 1,25 cm langes Stück vom Holzstift abschneiden und dieses durch das vorgebohrte Loch drücken, sodass der Holzstift innen heraussteht. Den Holzstift festkleben. Sollte er außen noch etwas herausschauen, den Überstand mit dem Bandschleifer abschmirgeln, bis die Außenseite schön glatt ist.

10. Das 3,5 cm große Holzstück aufkleben. Dabei darauf achten, dass es nur an der Außenwand des Geheimfachs befestigt wird und nicht an der Wand der Box.

11. Für das andere Geheim-Seitenstück den Holzstift durch das Loch stecken und festkleben. Um den Holzstift zu verstecken, das Holzquadrat mit dem Bandschleifer auf die Hälfte abschleifen. Dann ein gleich großes Quadrat aufkleben und dieses ebenfalls auf die Hälfte abschleifen. So entsteht ein Art Furniereffekt und die Oberfläche sieht genauso aus wie bei den anderen Holzquadraten.

12. Nun kommt der bereits gefertigte Mini-Schraubenzieher wieder ins Spiel. Auf der Seite des kleinen Fachs ein 1 cm großes Loch bohren. Das sollte möglichst in der rechten äußeren Vertiefung (zwischen den Seitenstreben) liegen und auch der Holzstift sollte gut hineinpassen.

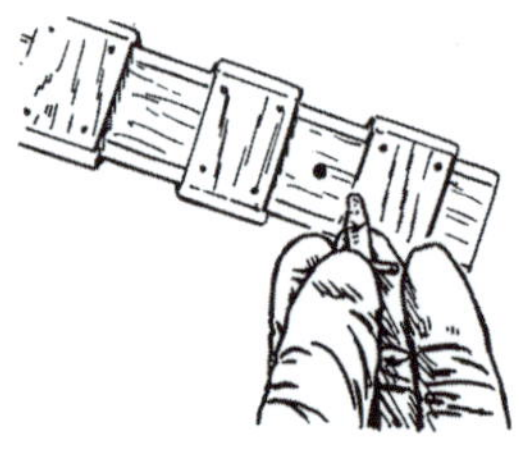

Er ist der erste Hinweis für denjenigen, der die Puzzlebox enträtseln will.

13. Soll die Box außen noch verschönert werden? Dann lohnt sich der Aufwand, sie glatt abzuschleifen und mit Holzbeize und Transparentlack zu bearbeiten.

14. Mit einer Lötpistole (oder mit einem Filzstift) Hinweise auf die Box schreiben.

Es ist immer wieder spannend, Rätsel zu lösen! Aber eine eigene Puzzlebox zu bauen, ist schon etwas Besonderes, vor allem, wenn du Freunden und Familie dabei zusiehst, wie sie versuchen, das Geheimnis der Box zu lösen. Werden sie einfach nur baff oder völlig verwirrt sein? Das Beste an diesem Projekt ist, dass das Material nur einige Euro kostet. Die Box ist ein perfektes Geschenk, ein tolles Projekt für ein Wochenende oder auch ein super Geocache.

FUN FACT: Puzzleboxes, die nur dem Vergnügen dienten, gab es erstmals im 19. Jahrhundert im viktorianischen England.

Hast du schon einmal gesehen, wie bei einem Konzert oder einem Sportereignis T-Shirts von der Bühne in die Menge geschossen wurden, und du hast gedacht: „Vergiss die T-Shirts, woher bekomme ich die Kanone?“ Folge der Anleitung und du kannst dir deine eigene bauen!

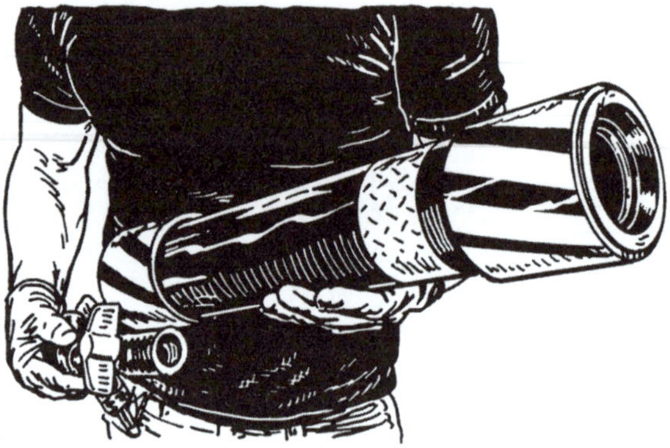

T-SHIRT-KANONE

44

SICHERHEIT

+ Herumfliegende Gegenstände; nur T-Shirts verschießen und niemals auf Menschen oder Tiere zielen!

SCHWIERIGKEIT

DAUER

2 Stunden

MATERIAL

+ ABS-Kunststoffteile:
  ABS-Kunststoffrohr, ø 7,5 mm, 60 cm lang
  ABS-Kunststoffrohr, ø 5 mm, 60 cm lang
  Adapter von ø 7,5 cm zu ø 5 cm
  2 Verbindungsstücke, ø 7,5 cm
  Adapter von ø 7,5 cm zu ø 4 cm
+ Kunststoffteile:
  Adapter mit glatter Seite und Gewindeseite von ø 4 cm zu ø 4,5 cm
  6 x Rohr-Doppelnippel, ø 2 cm
  Anschlussstück, ø 2 cm
  2 x 90-Grad-Ellbogen, ø 2 cm
  T-Verbindungsstück, ø 2 cm
  Verschlusskappe
  Kugelventil, ø 2 cm
+ Schraderventil
+ Säge
+ Sprühfarbe
+ Modellierknete (Projekt 08, Seite 50)
+ Fahrradpumpe
+ Schwarzer ABS-Kleber
+ ABS-PVC-Verbindungskleber
+ T-Shirts

LOS GEHT'S

MATERIAL VORBEREITEN

1. Das ø-7,5 cm-Rohr auf 40 cm Länge und das ø-5 cm-Rohr auf 35 cm Länge zuschneiden.

2. Beide Enden der Rohr-Doppelnippel (ø 2 cm) mit einigen Schichten Dichtungsband abkleben, damit die Verbindung auch wirklich dicht ist.

3. Ein 1 cm breites Loch oben in die Verschlusskappe bohren. Das Schraderventil durch das Loch drücken.

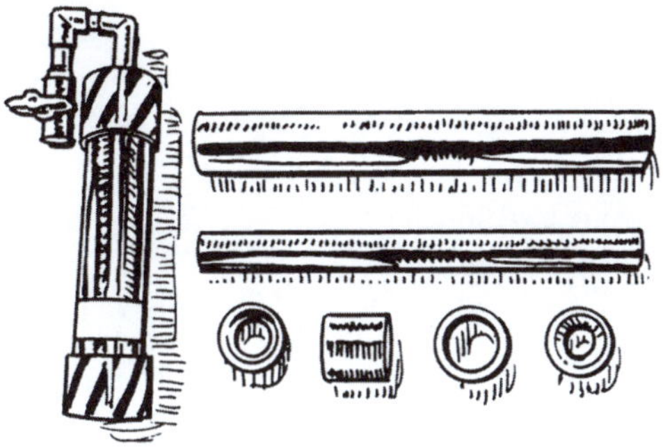

PROFI-TIPP: Statt eines Schraderventils kannst du auch einen pneumatischen Schnellverbinder verwenden. Dann kannst du deine T-Shirt-Kanone mit Druckluft statt mit Luft von der Fahrradpumpe füllen.

4. Das 2 cm breite Kugelventil in einer beliebigen Farbe ansprühen. Einige Minuten trocknen lassen.

ZUSAMMENBAUEN

1. Die Kunststoffteile zusammensetzen. Mit den Rohr-Doppelnippeln Ellbogen, T-Stück, Verschlusskappen, Verbindungsstücke und Kugelventil verbinden.

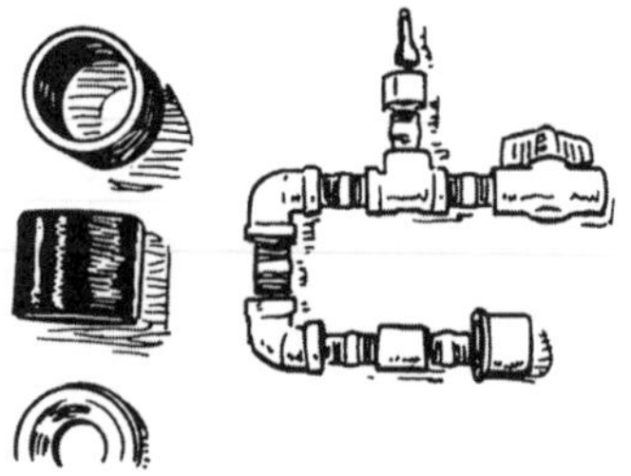

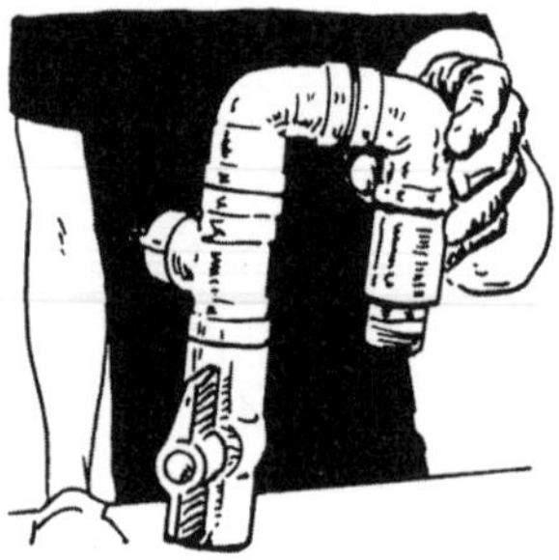

2. Die noch nicht besprühten Teile in einer zweiten Farbe ansprühen.

PROFI-TIPP: Wenn du Kunststoff mit Farbe besprühst, dann sprühe zuerst eine dünne Schicht auf, damit die Farbe bei der nächsten Schicht auch wirklich gut haften bleibt.

3. Nun den Korpus der Kanone zusammensetzen. Das 40 cm lange ABS-Rohr in das 4 cm breite Verbindungsstück und das 35-cm-Rohr in einen der Reduzieradapter stecken.

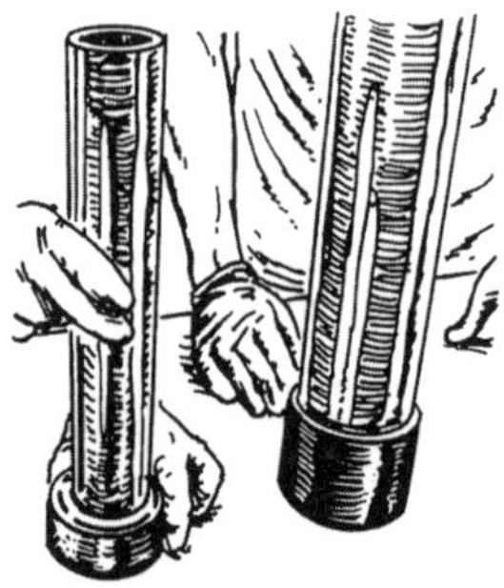

4. Den Reduzieradapter von ø 7,5 cm zu ø 4 cm zur Hand nehmen und mit der abgeschrägten Öffnung nach unten auf den Tisch legen. Das zweite ø-7,5 cm-Verbindungsstück aufsetzen. Mit dem schwarzen ABS-Kleber die Teile zusammenkleben.

5. Den kleinen Rohradapter umgedreht auf den Tisch stellen und das größere Rohr darüber setzen. Die Stelle verkleben, an der Verbindungsstück und Adapter zusammentreffen.

DEN STÖPSEL HERSTELLEN

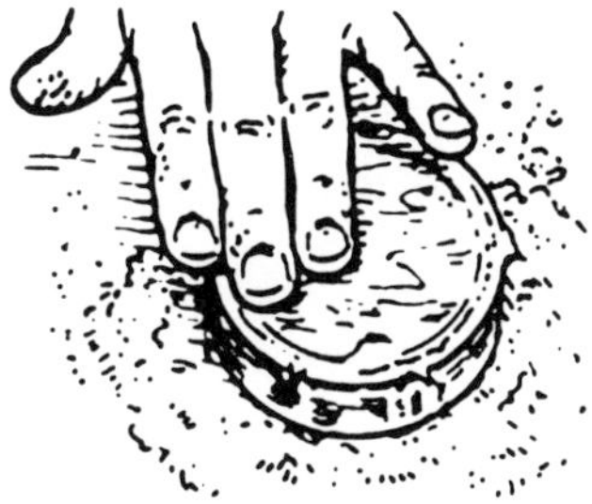

1. Den Stöpsel aus der Modellierknete herstellen. Die Modellierknete in eine Papierschale legen und zum Bearbeiten ein Schneidebrett mit Babypuder bestäuben. Das übrig gebliebene 2,5 cm lange ABS-Kunststoffrohr von ø 7,5 cm auf das Schneidebrett legen und die Modellierknete in die Form füllen.

2. Zu einer flachen Scheibe andrücken, sodass beim Trocknen eine glatte Oberfläche entsteht. Etwa 10 Minuten trocknen lassen.

3. Mit einem Universalmesser am Ring entlangschneiden, um die Modelliermasse aus der Form zu lösen und sie herauszudrücken. Die Ränder mit einer Schere sauber abschneiden – der Stöpsel aus Modellierknete ist fertig.

4. Den Stöpsel in das ABS-Rohr mit ø 7,5 cm drücken, bis er auf das innenliegende ø-5 cm-Rohr trifft.

ENDMONTAGE

1. Mit dem ABS-Kleber das letzte, Verbindungsstück mit ø 7,5 cm an das Ende der Kanone ansetzen.

2. Mit dem ABS-PVC-Verbindungskleber den Kunststoffgriff an die ABS-Kanone ansetzen. Das Innere des Kanonenadapters und das äußere Ende des Kunststoffgriffs (gegenüberliegende Seite des Kugelventils) damit bestreichen. Den Kunststoffgriff zügig in das Kanonenende einsetzen.

3. Nun wird die Kanone individuell dekoriert! Mit Klebe- oder Isolierband die Kanone bekleben, sodass daraus ein absolut einmaliges Geschoss wird.

DIE T-SHIRT KANONE TESTEN

1. Eine Fahrradpumpe auf das Ventil setzen und die Kanone mit Luft füllen. Der Stöpsel aus Modellierknete blockiert das Innenrohr und die große Kammer innen wird mit Luft gefüllt. Der Druck sollte bei 4–5 bar liegen.

2. Die T-Shirts in den Zylinder einführen und mit einem Stock fest zusammendrücken.

3. Den Griff lösen. Die Luft wird herausgedrückt und der Stöpsel schießt im Zylinder nach unten, die restliche Luft wird aus der Mitte des Rohrs herausgedrückt und feuert deine T-Shirts schnell und kräftig ab – über zehn Meter weit!

Ein großes Dankeschön an unseren Freund Ben und seine gleichachsige Kartoffelkanone, die uns zu diesem Projekt inspiriert hat! Warum sollte man die Idee nicht übernehmen und mit normalen Materialien aus dem Eisenwarenhandel diese voll funktionstüchtige Druckluft-T-Shirt-Kanone bauen?

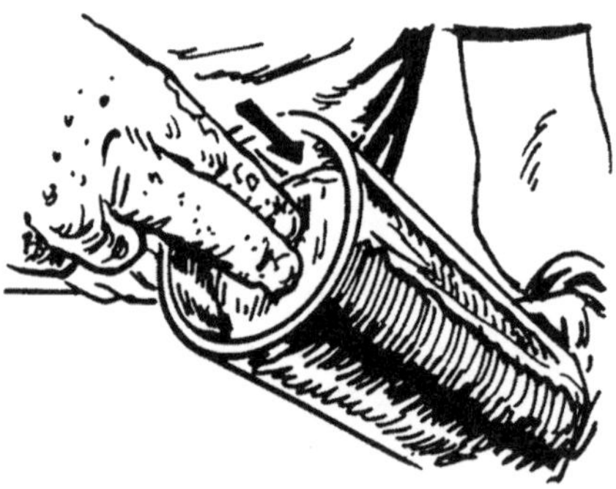

Wenn du irgendwo im Nirgendwo gestrandet wärst, was würdest du dann brauchen, um überlebenswichtige Ton-Bausteine zu bauen? Grab tief in der Erde und du wirst finden, was du brauchst!

TON AUS ERDE

45

SCHWIERIGKEIT

DAUER

1 Tag

MATERIAL

+ Mehrere Eimer
+ Wasser
+ Erde
+ Küchentuch/Sieb
+ Handtuch/Küchentuch
+ Küchenpapier

LOS GEHT'S

AUFBAU

1. Die benötigten Materialien gibt es in jedem nahegelegenen Fluss oder Teich. Als Erstes die Erde, die nahe am Wasser ausgegraben werden kann, sammeln. Damit lässt sich gut arbeiten.

2. Am besten ist Erde geeignet, die sich fast plastikartig anfühlt: Wenn sie zusammengedrückt wird, bildet sie Klumpen.

DEN TON HERAUSFILTERN

1. Zunächst alle Steine und Äste aus der Erde heraussieben. Die Erde muss dafür einem einfachen Reinigungsprozess unterzogen werden. Dazu sind lediglich einige Eimer und Wasser notwendig. Die Erde zusammen mit Wasser in einen Eimer füllen, sodass sie sehr matschig wird – fast wie eine Suppe.
   Es mag zwar wie Suppe aussehen, aber iss es bitte trotzdem nicht, auch wenn dich der Hunger überkommt!

2. Die Mischung umrühren, damit sich die enthaltenen Stoffe trennen. Dann fünf Sekunden warten, bis sich alle Teile gesetzt haben.

3. Die Flüssigkeit an der Oberfläche in einen zweiten Eimer füllen.

PROFI-TIPP: Natürlich kannst du Ton auch aus der Erde in deinem Garten herstellen, aber es funktioniert besser, wenn du Erde aus der Nähe eines Gewässers verwendest.

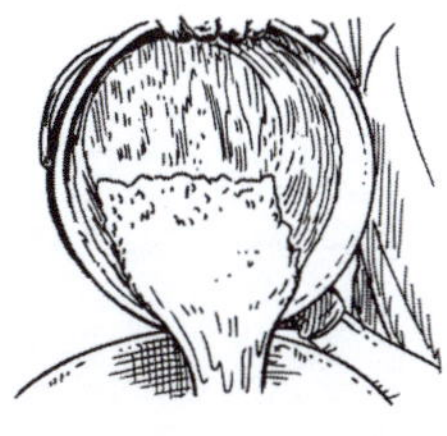

4. Mit dem Gießen aufhören, sobald nur noch die schweren Bestandteile (Schotter, Steine und Ähnliches) im ersten Eimer liegen. Diesen Eimer ausschütten, die Steine werden nicht mehr benötigt.

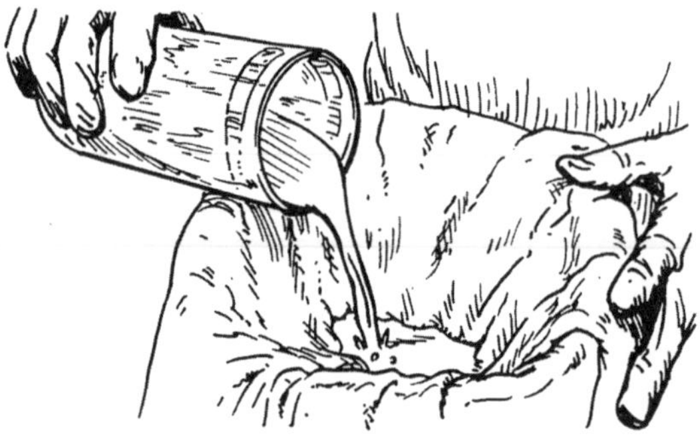

5. Als Nächstes die Flüssigkeit durch ein altes Hemd, Socken, Stoff oder ein normales Sieb abseihen. Dadurch wird das meiste organische Material schon herausgesiebt. Bevor die flüssige Lösung durch das Sieb in einen sauberen Eimer geseiht wird, ist es wichtig, sie vorher noch einmal umzurühren, damit die Ton-Partikel noch einmal im Wasser schweben.

VERTRAU DEINEM URTEILSVERMÖGEN! Im Sieb bleiben Blätter, Zweige und andere organische Bestandteile zurück. Du kannst diesen Prozess wiederholen, um weiteres Material herauszufiltern.

6. Im Eimer bleibt bestimmt noch etwas feiner Sand zurück, wenn die Flüssigkeit umgegossen wird. Deshalb nach jedem Umgießen den leeren Eimer säubern, sodass nur die sehr feine Ton-Lösung zurückbleibt.

DEN TON SETZEN UND TROCKNEN LASSEN

Nun muss sich die Lösung einige Stunden setzen. Es dauert etwas, bis das Wasser gefiltert ist, da der Ton sehr fein ist. So kann der Vorgang beschleunigt werden:

1. Zuerst das oben abgesetzte Wasser abschöpfen (dauert gut eine Stunde).

2. Das restliche Wasser sehr vorsichtig abschütten, ohne das Tonmaterial mit abzugießen. Alternativ kannst du es auch abschöpfen. Auch lässt sich das Wasser mit einem Schlauch absaugen. Bevor es im Mund ankommt, das Wasser in einen Eimer leiten und durch die Schwerkraft läuft das restliche Wasser von alleine heraus.

3. Damit dem Ton noch mehr Feuchtigkeit entzogen wird, mit einem Handtuch oder einem fest gewebten Stoff weiterarbeiten. Das Gewebe sollte so fest sein, dass der Ton nicht hindurch kann, das Wasser aber schon.

4. Die Lösung in das Tuch gießen, die Enden für einige Stunden zusammennehmen. So wird das meiste Wasser herausgezogen. Nachdem der Ton sich etwas eine Stunde gesetzt hat, wird er immer noch recht flüssig sein.

5. Mit Küchenpapier den Ton aus dem Handtuch/Stoff kratzen und mitten auf das Küchenpapier legen. Leicht flach streichen. Ein zweites Küchenpapier auflegen und den Ton dazwischen ausdrücken. So tritt das meiste restliche Wasser aus.

6. Die Küchenpapiere abnehmen. Zurück bleibt ein schöner modellierbarer Ton.

7. Falls nötig, noch etwas Wasser hinzufügen oder herausdrücken, bis der Ton die gewünschte Konsistenz hat (die Dichte hängt von der eigenen Vorliebe ab).

PROFI-TIPP: Wenn du den Ton erst später verwenden willst, dann wickele ihn einfach in Frischhaltefolie.

Nun folgt ein Experiment, bei dem du das Ergebnis fühlen kannst: Die feine Struktur deines Erfolgs! Du kannst den Ton zurechtschneiden, rollen oder sogar im Ofen brennen, um Töpferwaren, Steingut oder selbst Keramik herzustellen. Wer konnte erahnen, dass sich aus Flusserde echter Ton herstellen lässt?

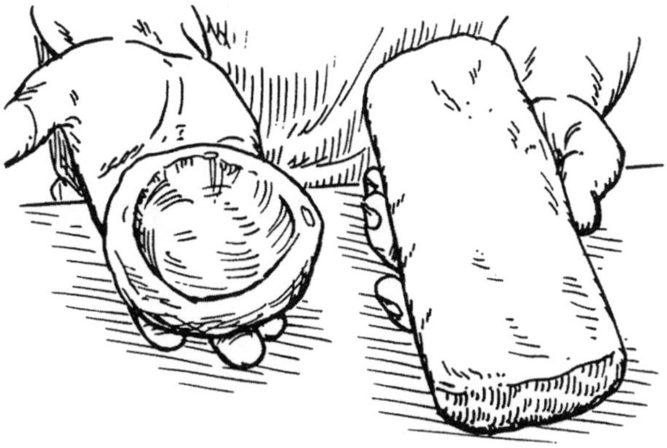

FUN FACT: Ton ist eine Bodenart, die dank ihrer natürlichen Formbarkeit anders ist als andere. Wird Ton im Ofen gebacken oder gebrannt, dann ist er nicht mehr formbar, sondern fest, was eine Vielzahl an kreativen Gestaltungsmöglichkeiten erlaubt.

Ein flammender, bunter, glühender und sprudelnder Mahlstrom-Brunnen? Als das Wort flammend ins Spiel kam, war ich sofort dabei. Bei diesem Projekt musst du zwar nicht zielen und feuern, aber du wirst deinen Blick nicht von diesen tornadogleichen Flammen lösen können.

FLAMMENDER MAHLSTROM-BRUNNEN

46

SICHERHEIT

+ Feuer

SCHWIERIGKEIT

DAUER

4 Stunden

MATERIAL

+ Eimer
+ Plastiktablett, ø 40 cm
+ Getränkespender
+ Wasserpumpe
+ Vinylschlauch
+ Kunststoff-Ellbogen-Verbindungsstücke
+ LED-Lichtbänder (optional)
+ Bambusrollo (optional)
+ Steine (optional)
+ Propangas (optional)

LOS GEHT'S

AUFBAU

1. Du brauchst einen großen Eimer, der als untere Zisterne dient; eine Pumpe, die bis zu 2000 Liter Wasser in der Stunde pumpen kann; einen biegsamen Vinyl-Schlauch; ein Getränkespender, in dem der Wirbel sitzen wird; und ein Plastiktablett mit ø 40 cm.

2. Zuerst alle überflüssigen Teile vom Getränkespender entfernen. Den Zapfhahn abmontieren, aber den Dichtungsring aufbewahren.

3. Im Eisenwarenhandel gibt es Plastik-Ellbogen, bei denen eine Öffnung schmaler ist als die andere und die deshalb gut zusammengesetzt werden können. Die schmalere Öffnung passt perfekt in den 1 cm breiten Vinylschlauch.

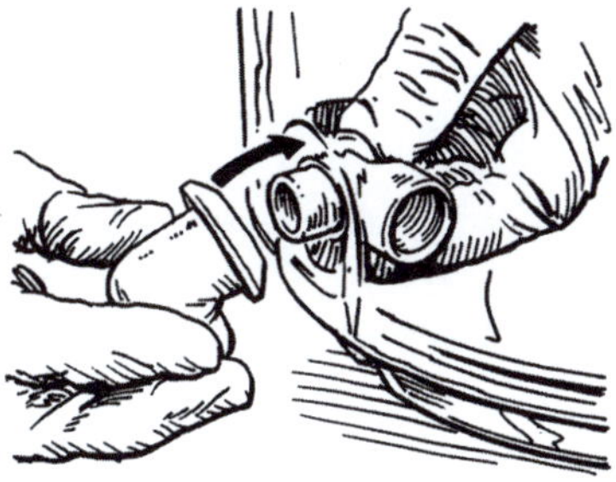

4. Das Ellbogenstück an der Stelle montieren, an der zuvor der Zapfhahn saß, wobei das schmale Ende nach außen zeigt. Den Dichtungsring von außen unter das Ellenbogenstück setzen, damit kein Wasser mehr auslaufen kann.

5. Die andere Hälfte des Ellbogens mit dem ersten Stück im Behälter verbinden.

6. Damit das Ganze 100-prozentig wasserdicht wird, den Gummi-Dichtungsring mit Heißkleber zusätzlich auf dem Wassergefäß festkleben.

DIE ÖFFNUNGEN BOHREN

1. Als Nächstes in die Mitte des Behälterbodens mit einem 1-cm-Bohrer ein Loch bohren.

2. In die Mitte des Tabletts ein ähnlich großes Loch bohren.

HINWEIS: Im Prinzip kann jedes Kunststofftablett verwendet werden, solange es einen Durchmesser von 40 cm hat und der Rand leicht erhöht ist.

3. Außer dem Loch in der Mitte noch ein zweites Loch bohren: Dazu das Gefäß mittig auf das Tablett stellen. Dort, wo das Wasser aus der Wirbelkammer führt, das zweite Loch in das Tablett bohren.

4. Als Nächstes die beiden Löcher verbinden und an der Stelle, an der der Schlauch austritt, um Wasser in den Behälter zu pumpen, ein drittes Loch anzeichnen.

5. Nun das angezeichnete Loch mit einem 2-cm-Bohrer bohren.

6. Damit das Wasser im Brunnen schneller abläuft, noch weitere Löcher rund um den Rand des Behälters in das Tablett bohren. Darauf achten, dass sie noch innerhalb des Eimers liegen, denn sonst läuft das Wasser später direkt auf den Boden. Diese Löcher am besten mit einem 1,5-cm-Bohrer bohren.

DEN BRUNNEN ZUSAMMENSETZEN

1. Der Schlauch muss nur von der Unterseite des Eimers bis zum Zugang des Brunnens laufen. Diesen deshalb entsprechend einkürzen. Um auf der sicheren Seite zu sein, den Schlauch beim ersten Kürzen noch etwa 15 cm länger lassen, dann kann er später beim Befestigen immer noch genau abgemessen werden.

2. Den Schlauch an der Pumpe befestigen.

> **PROFI-TIPP:** Falls sich der Vinyl-Schlauch zu sehr aufrollt, kann er mithilfe von etwas Wärme gestreckt werden. Dazu den Schlauch erwährmen, und anschließend gerade halten, während er wieder abkühlt.

3. Die Pumpe mit dem angeschlossenen Schlauch unten in den Eimer stellen.

> **PROFI-TIPP:** Am Rand des Eimers eine kleine Kerbe einritzen, damit das Kabel hier herausgeleitet werden kann und das Tablett noch immer flach aufliegt.

4. Das Tablett auf den Eimer setzen und den Schlauch durch das vorgesehene Loch führen.

5. Den Wasserbehälter auf das Tablett stellen. Darauf achten, dass die Löcher genau übereinander liegen.

6. Nun die Stelle am Schlauch markieren, an der er abgeschnitten wird.

7. Es liegt jetzt alles passend übereinander und ist angeschlossen. Als Nächstes das Wasser in den Eimer gießen, um zu prüfen, ob alles funktioniert.

8. Bei diesem Projekt ist es wichtig, mit ausreichend Wasser zu arbeiten. Die Pumpe sollte von Wasser bedeckt sein. Auch der Brunnen sollte ausreichend mit Wasser gefüllt sein. Selbst wenn er vollläuft, sollte die Pumpe noch so viel Wasser haben, dass sie weiterläuft.

Ein Wasser-Tornado? Echt cool!

DESIGN UND UPGRADES

LICHT AN!

1. Soll der Brunnen bunt leuchten, dann bau noch zusätzlich LED-Lichtbänder ein. Diese werden einfach unten rund um den Rand des Brunnens gelegt. Zuerst ein kleines Loch unten in das Tablett bohren, das Lichtband hindurchzuführen und dieses dann mit Heißkleber versiegeln.

2. Wird das Licht nach oben geführt, sollte es noch etwas Spiel haben, damit das Tablett hochgehoben werden kann.

3. Mit Klebeband eventuell die Kabel an der Seite des Eimers befestigen.

4. Der Eimer und die unten liegenden Kabel sehen nicht besonders dekorativ aus. Doch es gibt verschiedene Möglichkeiten, sie zu verkleiden. Ganz einfach geht es mit einem Bambusrollo. Das Rollo in der Breite zuschneiden, sodass es genau unter dem Tablettrand endet. Das Bambusrollo rund um den Eimer legen und anschließend mit Heißkleber festkleben.

VERSUCHE AUCH: Du kannst kleine Steine zur Dekoration auf das Tablett legen!

DAS BESTE ZUM SCHLUSS! Soll der Strudel im Brunnen noch in Flammen aufgehen? Im Moment wirbeln nur kleine Luftblasen durch den Behälter.

Einen Schlauch mit kleinen Löchern unten kreisförmig in den Boden legen. Nun den Druck im Wasser erhöhen – nun sollten sich eigentlich größere Blasen im Brunnen zeigen.

DOCH MOMENT! Der Trick ist: Diese sind keine **Luft**bläschen – sondern **Propangas**-Bläschen!

Speist du noch Propangas ein, hast du einen bunten, glühenden Mahlstrom-Brunnen mit *Flammen*: Wie cool ist das denn?

Du bekommst Hunger? Dann nimm ein paar einfache Werkzeuge zur Hand und bau dir ein Gerät, mit dem du leckere Snacks zubereiten kannst!

DÖRRAPPARAT IM KARTON

47

SICHERHEIT

+ Löten

SCHWIERIGKEIT

WARNUNG

☠ Den Dörrapparat niemals unbeaufsichtigt lassen, während er eingeschaltet ist. Vom Stromnetz trennen, wenn er nicht verwendet wird, um Brandgefahr zu vermeiden.

DAUER

45 Minuten

MATERIAL

+ Pappkarton
+ Wärmelampe
+ Kleiner Ventilator
+ Starkes Klebeband (Metallklebeband funktioniert am besten)
+ Lötkolben
+ Isolierband
+ 2 rechteckige Kuchengitter
+ Dünner Rundstab

LOS GEHT'S

DEN KARTON VORBEREITEN

1. Den Karton auswählen (die Größe ist prinzipiell zwar egal, aber denke bitte daran, dass später noch die Kuchengitter hineinpassen müssen). Eventuell musst du auch einen billigen Karton kaufen.

2. Das Innere des Kartons und den Deckel mit Aluminiumfolie auskleiden.

SO GLÄNZEND! Durch die reflektierende Aluminiumfolie kann sich die Hitze besser im Inneren des Kartons verteilen und wird nicht direkt von der Pappe absorbiert.

MÄCHTIG VIEL WIND

1. Nun zunächst den Ventilator für die Installation vorbereiten.

PROFI-TIPP: Manchmal findet man alte Ventilatoren in Secondhandläden. Das können Ventilatoren von ausrangierten Computern (von einem Netzteil angetrieben) sein, die für dieses Projekt noch gute Dienste leisten. Das Netzteil sollte eine Leistung von 12 Volt Gleichstrom haben.

ZUERST TESTEN: Bevor alles zusammengebaut wird, solltest du kurz testen, ob das Netzteil auch funktionstüchtig ist! Die Drähte des Netzteils mit den Drähten des Ventilators verbinden. Sind die Drähte richtig verbunden, dann sollte der Ventilator nun laufen!

2. Die Drähte mit dem Lötkolben verlöten um sie dauerhaft zu verbinden und mit Isolierband umwickeln.

DEN VENTILATOR EINBAUEN

1. Den Karton mit der Öffnung zur Seite legen. Der Deckel dient als Tür.

2. Der Ventilator wird auf der unteren Hälfte an einer Kartonseite angebracht (etwa 2,5 bis 5 cm über dem Boden).

3. Die Umrisse des Ventilators an der Außenseite des Kartons nachzeichnen und das Loch entsprechend ausschneiden.

PROFI-TIPP: Nachdem das Loch für den Ventilator ausgeschnitten ist, die Kartonränder eventuell mit Klebeband sauber abkleben.

4. Der Ventilator sollte genau in die ausgeschnittene Öffnung passen.

WÄRMELAMPE INSTALLIEREN

1. Nun kommt die Wärmelampe ins Spiel, die die Hitze für den Dörrprozess liefern soll.

AM BESTEN MIT EINEM DIMMER ARBEITEN: Wenn du die Lampe an- und ausschalten möchtest und den Strom regeln willst, dann empfiehlt sich ein drehbarer Dimmschalter, den du in die Mitte des Netzkabels setzt. Die positiven und die negativen Drähte im Dimmschalter werden an das Netzkabel angeschlossen, sodass dieses an einer Seite eintritt und auf der anderen wieder herausläuft.

2. Die Wärmelampe gegenüber vom Ventilator im Karton positionieren.

3. An dieser Seite ein Loch bohren, um das Kabel der Wärmelampe nach außen zu führen.

4. Die Lampe sollte nun über den dimmbaren Stromkreis zu bedienen sein.

VERSUCHE AUCH: Bau einen Ständer für deine Lampe, damit die Glühbirne nicht direkt auf dem Aluminium liegt. Bieg einen Drahtbügel in eine doppelte M-Form, damit die Lampe etwas erhöht über dem Boden des Kartons liegt. So kann die Luft zirkulieren und das Innere des Kartons wird nicht überhitzt.

ENDLICH ESSEN

1. So, fast ist alles zusammengebaut. Jetzt wird es Zeit, die Kuchengitter für die Lebensmittel einzubauen.

PROFI-TIPP: Kauf am besten als Erstes die Kuchengitter und wähle dann die Größe des Kartons, damit die Gitter später auch mühelos eingeschoben werden können.

2. In den Karton passen eventuell mehrere Kuchengitter mit etwas Abstand übereinander (ähnlich wie Roste in einem Backofen).

3. An den Kartonseiten in der oberen Hälfte links und rechts kleine Löcher für die Holzstäbe einstechen. Die Stäbe sollen die Kuchengitter stützen. Jedes Kuchengitter liegt auf zwei Holzstäben. Die Stäbe sollten links und rechts etwas aus dem Karton herausschauen, damit sie mehr Stabilität bekommen.

4. Der Deckel wird zur Tür umfunktioniert. Eine Seite mit Klebeband abkleben. Dieses dient als Scharnier.

KLEINE VERBESSERUNGEN: Oben in den Karton noch kleine quadratische Öffnungen einstechen, sodass die Luft an einer Seite eintritt, an den Lebensmitteln entlangströmt und überschüssige Feuchtigkeit nach oben abtransportiert.

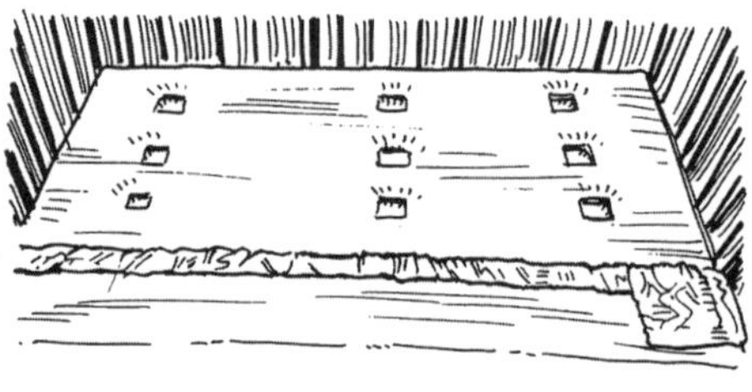

VERSUCH AUCH: Bau zusätzlich noch eine kleine Kiste für den Dimmer, damit er stets mit dem Dörrapparat verbunden ist.

5. Den Karton mit Farbe besprühen und nach Belieben dekorieren.

ALLES KLAR ZUM DÖRREN!

Süß, salzig oder scharf? Es gibt genügend Rezepte, die nun ausprobiert werden können! Gezuckerte Ananas, Apfelscheiben und Rinderdörrfleisch sind nur einige Beispiele der vielen Köstlichkeiten, die im Dörrapparat zubereitet werden können. Warum solltest du getrocknete Snacks kaufen, wenn du sie mit dieser Methode schneller, einfacher und billiger haben kannst? Außerdem macht es total viel Spaß, den Dörrapparat zu bauen.

FUN FACT: Dörren ist eine der vielen Methoden, um Lebensmittel haltbar zu machen. Bis etwa ins 19. Jahrhundert war es völlig normal, Lebensmittel einzulegen und zu salzen, um sie haltbar zu machen. Aber leider verdarb dabei auch vieles. Irgendwann wurden Lebensmittel in Dosen eingemacht. So waren sie luftdicht verschlossen und blieben lange haltbar. Und auch die moderne Art des Dörrens wurde später eingeführt.

Liebst du nicht auch Experimente, die du auch essen kannst? In diesem Projekt werden lediglich Trockeneis und einige einfache Zutaten verwendet. Heraus kommt eine wunderbare Leckerei mit experimenteller Note!

EIS MIT KOHLENSÄURE

48

SICHERHEIT

+ Trockeneis niemals schlucken!

SCHWIERIGKEIT

DAUER

1 Stunde

MATERIAL

+ Trockeneis
+ 240 ml Milch und 240 ml Sahne, gemischt
+ Rührschüssel
+ 1 TL Vanilleextrakt
+ 60 g Puderzucker

LOS GEHT'S

AUFBAU

1. Milch und Sahne in eine Rührschüssel gießen.

2. Noch 1 TL Vanilleextrakt hinzufügen.

3. Den Puderzucker hinzugeben und alles glatt verrühren.

TROCKENEIS HINZUFÜGEN

1. Etwa 30 g Trockeneis hinzufügen!

2. Alles vorsichtig verrühren, um die Flüssigkeit herunterzukühlen.

WISSENS-TIPP: Das Tolle an Trockeneis ist, dass es die Mischung nicht verwässert, wenn es sich sublimiert, sondern dass es lediglich verdampft.

3. Sobald kein „Nebel" mehr aus der Schüssel steigt, noch etwas Trockeneis hinzufügen.

4. Mögliche Klumpen im Eis unbedingt zerstoßen. Wenn beim Rühren noch Stücke zu sehen sind, diese herausnehmen und zerbröseln.

PROFI-TIPP: Es kann ganz schön gefährlich sein, wenn du aus Versehen Stücke von Trockeneis herunterschluckst. Dieses Eis hat eine Temperatur von -78,8 °C. Du kannst dir innere Erfrierungen zuziehen und zu viel Kohlendioxid aufnehmen.

5. Wenn die Eiskreme die Konsistenz von Trockeneis hat, dann ist sie genau richtig.

PROFI-TIPP: Noch einmal kontrollieren, ob noch einige größere Stücke im Eis sind, und weiterrühren, bis der Dampf vollständig verflogen ist.

6. Sobald der Dampf verflogen ist und die Eiskreme keine Trockeneisstücke mehr enthält, kann die Eiskreme serviert werden. Ein herrlich prickelnder Genuss!

EISKREME MAL ANDRES

Es mag aussehen wie normales Eis, aber dieses Eis hat einen besonderen Twist: Es prickelt! Und jetzt weißt du auch, wie man aus nur vier Zutaten eine leckere Eiskreme selbst herstellen kann. Prickelnd und köstlich!

FUN FACT: Eine Kuh gibt ausreichend Milch, um daraus 7,5 Liter Eiskreme am Tag zu produzieren.

Wenn du bis hierhin alle Projekte geschafft hast, dann Gratulation! Du bist auf dem besten Weg zum Meister-Tüftler! Diese letzten Projekte verlangen dir alles ab, was du an Fertigkeiten bisher für diese Wochenend-Projekte gebraucht hast. Jetzt ist es an der Zeit, ein Raketen-Handgewehr im Stil einer AK 47 zu bauen.

RAKETEN-HANDGEWEHR

49

SICHERHEIT

+ Nur unter Aufsicht eines Erwachsenen: Dieses Projekt kann wegen der verwendeten Druckluft gefährlich sein, deshalb bitte nur umsetzen, wenn ein Erwachsener dabei ist – und dann auch nur im Freien und in einiger Entfernung von Häusern. Niemals auf Menschen und Tiere zielen.

SCHWIERIGKEIT

DAUER

6 Stunden

LOS GEHT'S

Da für dieses Projekt sehr viele Teile benötigt werden, haben wir diese unten in einer Liste zusammengestellt. Bestell sie online oder versuch es im gut sortierten örtlichen Baumarkt. Vielleicht kann dir auch der Heizungs- und Sanitär-Betrieb vor Ort helfen. Die einzelnen Teile haben wir sehr detailliert beschrieben, damit du sie dir vor dem Zusammenbauen zurechtlegen kannst.

Auf der Abbildung siehst du genau, welches Teil wohin kommt. Das erleichtert dir das Zusammenbauen.

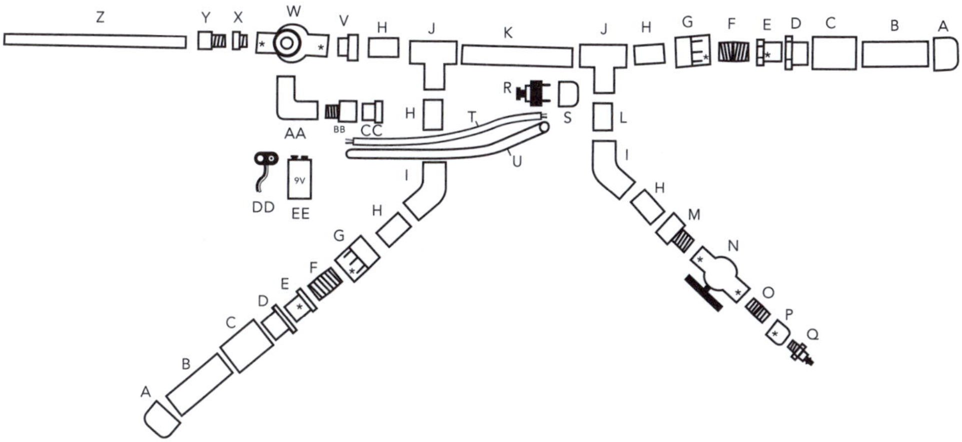

BEZEICHNUNG	MENGE	BESCHREIBUNG
A	2	PVC-Kappe, 63 mm
B	2x 22 cm	PVC-Kunststoffrohr, 63 mm PN 10, 3 m lang
C	2	PVC-Doppelmuffe, 63 mm PN 10
D	2	PVC-Übergangs-Einsteckmuffe, 63 mm x 1½" IG
E	2	PVC-Reduzierstück, 1½" AG x 1" IG
F	2	PVC-Doppelnippel 1"
G	2	PVC-Übergangsmuffe, 1" IG x 32 mm
H	5x 5,7 cm	PVC-Kunststoffrohr, 32 mm, 10 m lang
I	2	PVC-45-Grad-Winkel, 32 mm
J	2	PVC-T-Stück, 32 x 32 x 32 mm
K	1x 22 cm	Reststück vom 32-mm-Rohr von „H"
L	1x 7,5 cm	Reststück vom 32-mm-Rohr von „H"
M	1	PVC-Übergangsnippel, ¾" AG x 32 mm
N	1	Kugelhahn, ¾" IG

BEZEICHNUNG	MENGE	BESCHREIBUNG
O	1	PVC-Doppelnippel, ¾"
P	1	PVC-Gewindekappe, ¾" IG
Q	1	Druckluftstecknippel, ¼" AG
R	1	Druckknopfschalter (als Schließer; 3/6 Ampere)
S	1	PVC-Kappe, 25 mm
T	1 x 43 cm	Klingelkabel oder ähnliches Kabel
U	1 x 43 cm	Durchsichtiger PVC-Schlauch, 10 mm
V	1	Übergangsnippel, 1" AG x 32 mm
W	1	Magnetventil, 1" IG (z. B. von Rainbird, 10 bar; 9 Volt)
X	1	PVC-Reduzierstück, 1" AG x ½" IG
Y	1	PVC-Übergangsnippel, ½" AG x 20 mm
Z	1 x 60 cm	PVC-Kunststoffrohr, 20 mm
AA	1	PVC-90-Grad-Übergangsmuffe, 40 mm x 1¼" IG
BB	1	PVC-Übergangsnippel, 1¼" AG x 40 mm
CC	1	PVC-Kappe, 40 mm

AUSSERDEM:

(online bestellen)

DD	1	Anschlussclip für 9-V-Batterie
EE	1	9-Volt-Batterie

Tangit-Reiniger PVC-U

1 Tube Tangit-PVC-U-Kleber

2 Rollen Teflon-Dichtband

Luftkompressor

OPTIONAL:

2–4 Farben Camouflage-Sprühfarbe

1 Flasche Schellack-Grundierung und -Politur

Zeichenerklärung:
" = Zoll
IG = Innengewinde
AG = Außengewinde

PVC-ROHRE ZUSAMMENSETZEN

Du kannst entweder lange Rohre oder Rohre von 60 Zentimeter Länge kaufen. Beides ist möglich.

1. 63-mm-Rohr: Zwei Stücke auf eine Länge von jeweils 22 cm zuschneiden.

2. 32-mm-Rohr: Fünf Stücke auf eine Länge von jeweils 5,5 cm zuschneiden.

3. 32-mm-Rohr: Ein Stück auf eine Länge von 22 cm zuschneiden.

4. 32-mm-Rohr: Ein Stück auf eine Länge von 7,5 cm zuschneiden.

5. 20-mm-Rohr: Ein Stück auf eine Länge von 60 cm zuschneiden.

Jetzt solltest du das komplette Handgewehr „trocken zusammenbauen", um zu sehen, ob auch alles passt. Orientiere dich an der Bauzeichnung. Denk daran, dass der „Trockenbau" absolut notwendig ist, bevor du alle Teile mit Kleber endgültig verbindest.

WARNUNG:

Nicht mit zu viel Druck arbeiten!

HINWEIS: Zum Zuschneiden der Rohre benutzt du am besten eine Bügelsäge oder ein Schneidegerät für PVC.

ZUSAMMENKLEBEN

HINWEIS: Lies dir vorher die Anleitung zur Grundierung und zum Kleber genau durch. Die Benutzung von Elektrowerkzeugen ist zwar eine Möglichkeit, sie sind aber nicht ungefährlich und sollten nur mit entsprechender Erfahrung und unter Aufsicht eines Erwachsenen verwendet werden.

1. Zuerst alle Oberflächen, die miteinander verbunden werden, mit dem PVC-U-Reiniger einpinseln, 10 Minuten trocknen lassen und dann den PVC-U-Kleber auftragen.

2. Sobald der Reiniger getrocknet ist, die Teile mit dem PVC-U-Kleber fest verbinden. Den Kleber auf beide Verbindungsteile auftragen und diese dann zusammensetzen. Etwa 0,5 cm in sich verdrehen, damit sich der Kleber in den Rohren gut verteilt. Die Teile fest zusammendrücken.

HINWEIS: Immer nur an einer Verbindung gleichzeitig arbeiten, und zwar möglichst zügig. Der PVC-U-Kleber wird schnell fest, und wenn du zu lange brauchst, hält die Verbindung nicht.

3. Alle Teile, die in der Übersicht auf Seite 259 eingezeichnet sind, zusammenkleben. Die Gewindeverbindungen nicht kleben.

4. Mindestens 3 Stunden (bitte Packungsanleitung lesen) fest werden lassen und dann den Drucktest durchführen.

ZUSAMMENBAUEN

1. In die Oberseite der Gewindekappe „P" für den Druckluftstecknippel ein 1,25 cm breites Loch bohren.

2. Entweder das soeben gebohrte Loch oder den Druckluftstecknippel „Q" direkt eindrücken. Die Gewinde mit Dichtband umkleben und fest verschrauben. Aber nicht zu sehr festdrehen, sonst ist die Verbindung zu schwach und hält nicht.

3. Alle Außengewinde-Verbindungen (z. B. das Gewinde der Doppelnippel) mit Dichtband umwickeln und dann fest mit ihren entsprechenden Teilen verschrauben. Die Verbindungen sollten luftdicht verschlossen sein. Dazu entsprechendes Werkzeug benutzen.

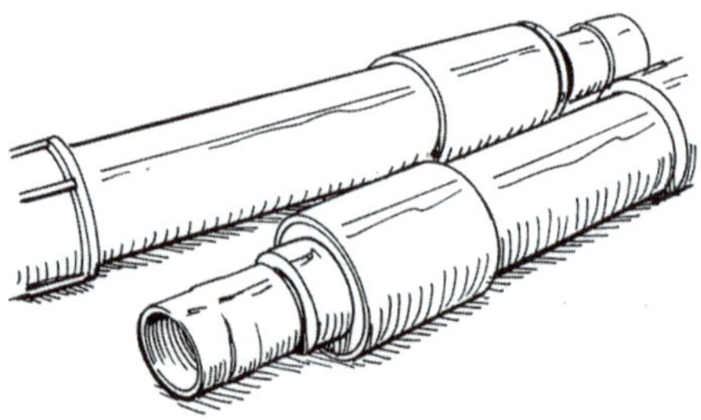

1. In die Seite der Kappe „S" ein 0,8 cm breites Loch bohren. Dieses Loch später unten am Abzug montieren. Eventuell den unteren Rand der Kappe abschleifen, damit er anschließend gut auch auf den Griff der Abschussvorrichtung passt, wenn er aufgeklebt wird.

2. Dann ein 1,25 cm breites Loch in die Oberseite der Kappe „S" bohren, das gerade so groß ist, dass der Schalterknopf herausschaut.

3. In die Mitte/Oberseite der Kappe „CC" ein 0,8 cm breites Loch bohren.

4. Die mit „T" markierten Klingelkabel wie auf der Abbildung zu sehen mit dem Anschlussclip für die Batterie („DD"), dem Magnetventil „W" und dem Druckknopfschalter „R" verbinden.

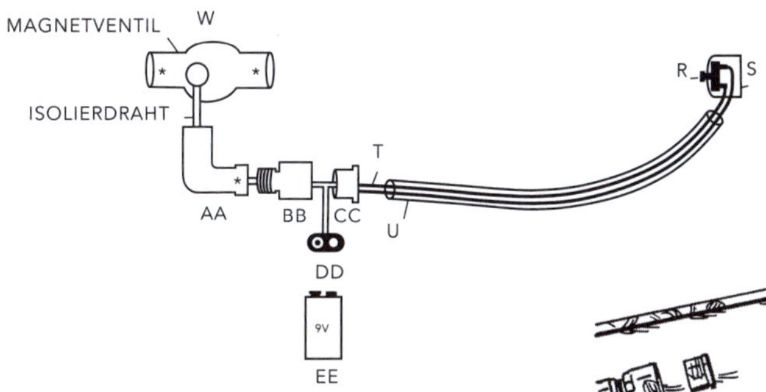

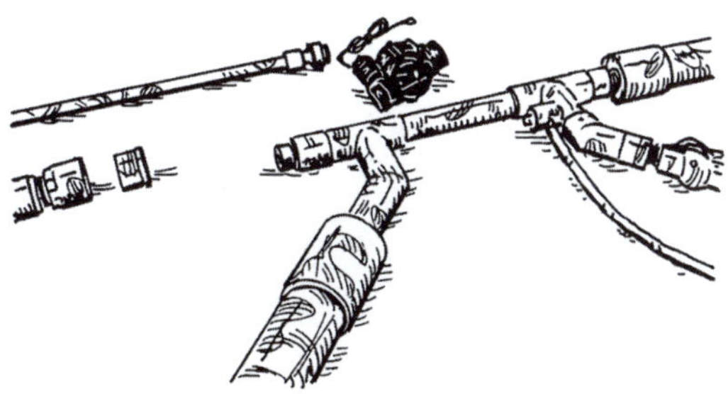

HINWEIS: Um die Kabel miteinander zu verbinden, die Außenisolierung an den Enden entfernen und die Enden mit dem Verbindungskabel verdrehen. Freiliegende Kabel mit Isolierband umwickeln, damit an den anderen Teilen der Konstruktion kein Kurzschluss entsteht.

5. Für einen ersten Test die 9-Volt-Batterie „EE" mit dem Batterie-Anschlussclip „DD" verbinden und den Druckknopfschalter „R" drücken. Wenn alles richtig verbunden ist, dann wird sich das Magnetventil „W" mit einem Klick öffnen und wieder schließen.

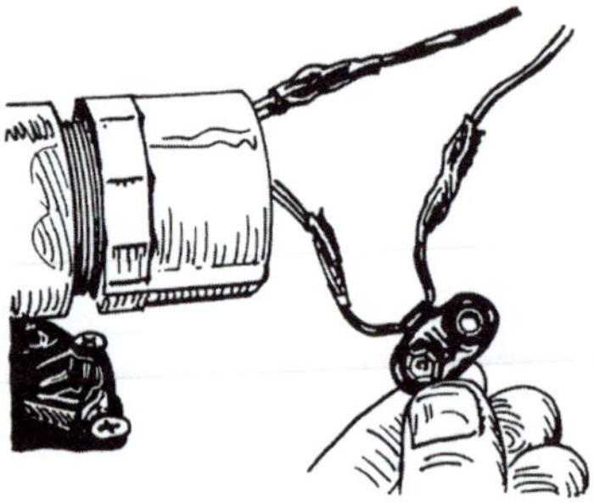

FERTIGSTELLUNG

1. Mit der Gewehrkonstruktion einen Drucktest durchführen. Den Luftschlauch des Luftkompressors anschließen und den Kugelhahn „N" öffnen, damit Luft einströmen kann. Ich empfehle, mit etwa 2 Bar zu beginnen und nach und nach den Druck erhöhen. Zwischendurch die Luftzufuhr immer wieder unterbrechen, um zu kontrollieren, ob an einer Stelle noch Luft austritt. Wird der Schalter „R" gedrückt, dann sollte sich der Hahn öffnen lassen, um Luft einströmen zu lassen. Den Schalter regelmäßig bedienen, um die elektrischen Anschlüsse zu kontrollieren. Nicht mehr als 10 Bar aufbauen.

2. Als Abschlusstest den Kugelhahn „N" schließen, den Luftschlauch abnehmen, sodass der Raketenwerfer getragen werden kann. An einem sicheren Ort Das Handgewehr testweise abfeuern.

3. Die Triggerkappe „S" mit Heißkleber an die Griffteile „J" und „L" setzen und 5 Minuten abkühlen lassen.

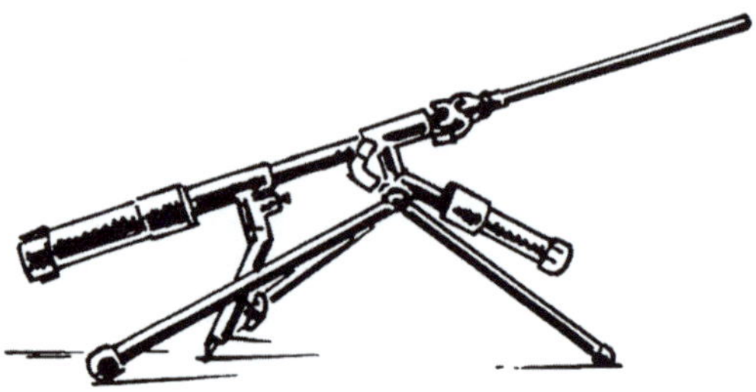

4. Soll das Gehäuse noch lackiert werden, dann zunächst alle Teile, die nicht besprüht werden sollen, mit Klebeband abkleben, wie beispielsweise die Ventilgriffe, Druckluftstecknippel, Magnetventil, Triggerknopf etc.

5. Wenn möglich, das gesamte Gehäuse an einem einzigen Punkt, z. B. am Stecknippel „Q", aufhängen und, falls gewünscht, die Sprühfarbe auftragen. Ein Camouflage-Look passt gut. Oder einfach mit verschiedenen Farben und mehreren Farbschichten experimentieren, um das Handgewehr individuell zu gestalten.

6. Eventuell noch einen Lack auftragen, damit das Handgewehr wie eine echte Profi-Waffe glänzt. So schützt du gleichzeitig noch die Farbe.

7. Mindestens 2 Stunden trocknen lassen. Das Handgewehr ist fertig!

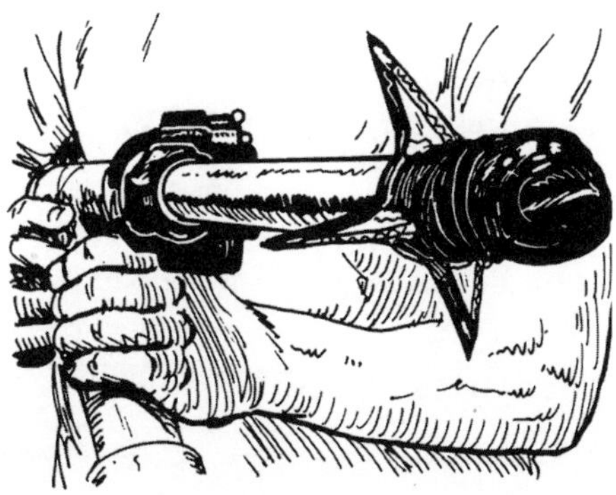

PAPIERRAKETEN
(FÜR DAS RAKETEN-HANDGEWEHR)

50

SICHERHEIT

+ Vorsicht beim Hantieren mit der Heißklebepistole; du könntest dich verbrennen, wenn du mit dem Heißkleber in Kontakt kommst.

SCHWIERIGKEIT

DAUER

90 Minuten

MATERIAL

+ Raketen-Handgewehr (Projekt 49, Seite 256)
+ Heißklebepistole
+ Isolierband
+ DIN A4 Papier
+ Schreibutensilien (zum Markieren auf der Pappe)
+ Pappe
+ Schere

LOS GEHT'S

DER RAKETENKÖRPER

1. Das Blatt Papier halbieren, sodass zwei DIN A5 Blätter entstehen. Eine Hälfte des Papiers dient als Abstandhalter im Raketeninneren (wird später entfernt) und die andere Hälfte wird der Raketenkörper.

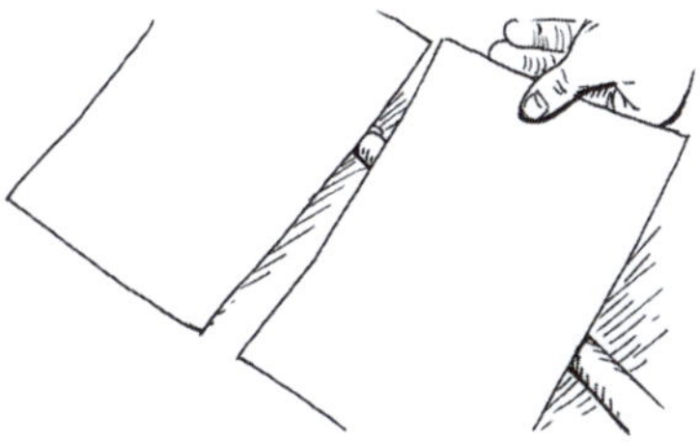

2. Das erste Papier fest um den Gewehrlauf des Raketen-Handgewehrs wickeln und dann zusammenkleben. Das zweite Papier um das erste Papier wickeln und ebenfalls zusammenkleben. Die beiden Papierlagen sollten gerade so locker übereinander liegen, dass sie hin- und hergeschoben werden können.

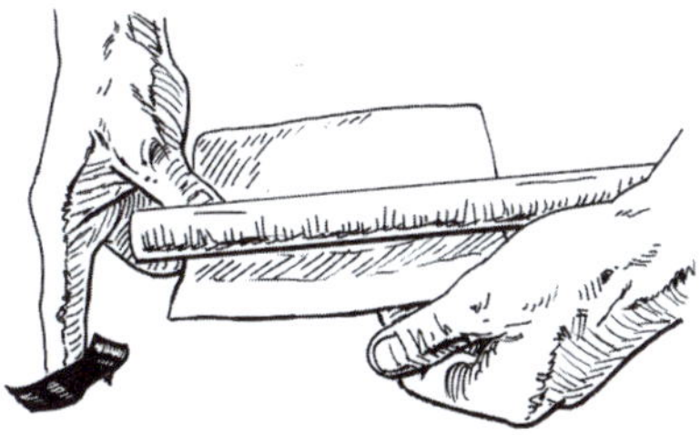

3. Das obere Papier nach vorn schieben, sodass es beim Gewehrlauf 2,5 cm übersteht.

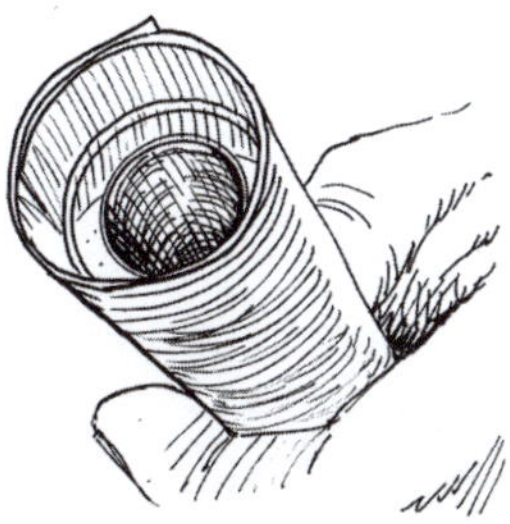

4. Die überlappenden Seiten des Papiers von vier Seiten nach innen falten. Die übereinander gefalteten Papierteile mit Isolierband festkleben.

5. Die Papierrollen mit Isolierband umwickeln. Von unten aus in Runden bis zum Ende wickeln. Die Oberseite und die Seiten mit mehreren Schichten Isolierband umwickeln.

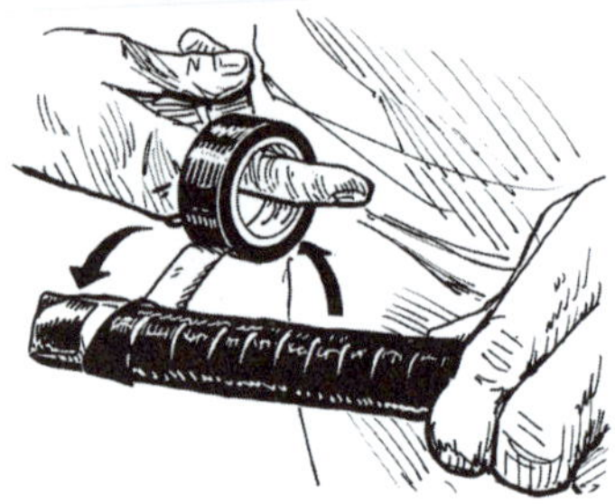

6. Das Band sauber verkleben und noch einmal zum Anfang zurückwickeln.

RAKETEN-HECKFLOSSEN

1. Die Pappe mit der Schere zum Quadrat schneiden.

2. Das Pappquadrat an den Raketenkörper legen und auf der Pappe bei einem Drittel des Raketenkörpers eine Markierung setzen. Eine zweite Stelle oben auf der Pappe markieren, die die Breite des Raketenkörpers anzeigt.

3. Mit einem Geodreieck die markierten Punkte verbinden und die Ecke abschneiden.

4. Diese Flosse dient als Schablone für die drei weiteren Heckflossen (insgesamt werden es vier), die alle gleich groß sind.

5. Den Heißkleber an der langen waagerechten Kante der Heckflosse auftragen und die Flosse dann unten am umwickelten Raketenköper ansetzen.

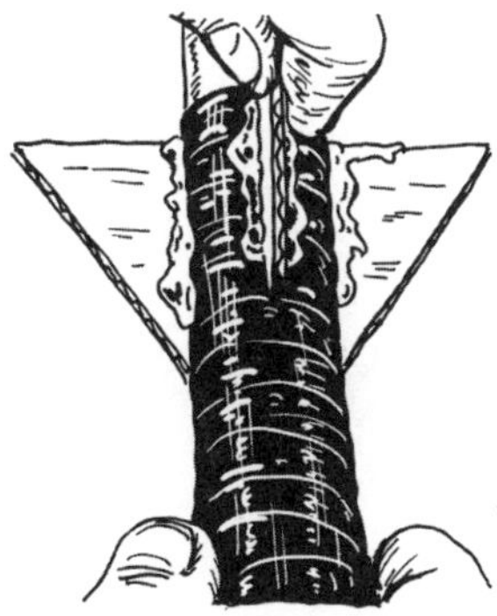

6. Sobald der Kleber getrocknet ist, diesen Vorgang mit den anderen drei Heckflossen wiederholen. Dabei alle Flossen symmetrisch zu den anderen aufkleben, sodass die vier Flossen am Ende an jeder Seite rund um den Raketenkörper liegen.

7. Die Spitzen der Heckflossen mit Isolierband doppelt umwickeln. Das Klebeband glatt streichen, sobald alles umwickelt ist.

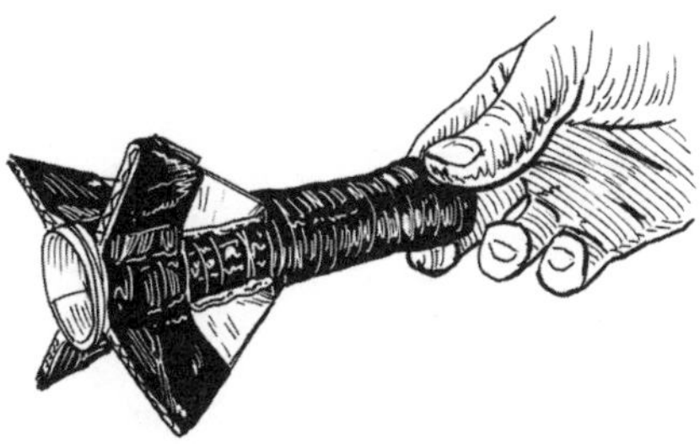

FERTIGSTELLUNG

1. Die innere Papierlage herausziehen. So bleibt ein kleiner Zwischenraum zwischen dem Inneren der Rakete und dem Gewehrlauf. Dadurch lässt sich die Papierrakete einfacher laden.

2. Die Heckflossen mit zusätzlichem Isolierband bekleben, um sie strapazierfähiger zu machen.

3. Den Luftkompressor mit 10 Bar füllen. Wenn das Kugelventil geschlossen ist, den Luftschlauch abziehen, damit der Luftkompressor (und die neuen Papierraketen) getragen werden kann. Die Papierraketen auf den Luftkompressor setzen und schießen!

FUN FACT: Die Heckflossen einer Rakete sind äußerst wichtig. Durch die Flossen bleibt die Rakete auf ihrem Flugweg. Das liegt daran, dass die Heckflossen ganz nah am Schwerpunkt der Rakete liegen und sie stabil zum Druckmittelpunkt hält.

IN ERINNERUNG AN GRANT THOMPSON, 1980–2019

Am 29. Juli 2019 verunglückte Grant Thompson in einem Motorgleitschirm-Unfall in Süd-Utah. Grant widmete sein Leben dem Lernen, stellte seine Neugier immerzu auf die Probe und schob die Grenzen des Wissens immer weiter hinaus. Dies tat er zum Wohle anderer und um die Freude am Entdecken mit allen teilen zu können. Als er dieses Buch fertig geschrieben hatte, sagte er: „Ich möchte, dass die Leser sich Herausforderungen stellen und Dinge erschaffen, auf die sie stolz sein können."